"十三五"职业教育国家规划教材

3ds Max 2017 案例教程

主　编　张秀生　郑学平
副主编　董双双　米聚珍　雷　晨　赵江华

北京理工大学出版社
BEIJING INSTITUTE OF TECHNOLOGY PRESS

版权专有　侵权必究

图书在版编目（CIP）数据

3ds Max 2017 案例教程 / 张秀生，郑学平主编 . —北京：北京理工大学出版社，2023.1 重印
ISBN 978-7-5682-5506-6

Ⅰ.①3… Ⅱ.①张…②郑… Ⅲ.①三维动画软件—案例—教材 Ⅳ.① TP391.414

中国版本图书馆 CIP 数据核字（2018）第 077574 号

出版发行 / 北京理工大学出版社有限责任公司
社　　址 / 北京市海淀区中关村南大街 5 号
邮　　编 / 100081
电　　话 / （010）68914775（总编室）
　　　　　（010）82562903（教材售后服务热线）
　　　　　（010）68944723（其他图书服务热线）
网　　址 / http：//www.bitpress.com.cn
经　　销 / 全国各地新华书店
印　　刷 / 定州市新华印刷有限公司
开　　本 / 787 毫米 × 1092 毫米　1/16
印　　张 / 11　　　　　　　　　　　　　　　　　　　　责任编辑 / 张荣君
字　　数 / 238 千字　　　　　　　　　　　　　　　　　　文案编辑 / 张荣君
版　　次 / 2023 年 1 月第 1 版第 5 次印刷　　　　　　　　责任校对 / 周瑞红
定　　价 / 36.50 元　　　　　　　　　　　　　　　　　　责任印制 / 边心超

图书出现印装质量问题，请拨打售后服务热线，本社负责调换

前言

　　3ds Max 是 3D Studio Max 的简称，是 Autodesk 公司开发的基于 PC 系统的三维模型与动画及渲染的制作软件，其前身是基于 DOS 操作系统的 3D Studio 系列软件，目前的最新版本是 2018 版。在 Windows NT 出现以前，工业级 CG 制作被 SGI 图形工作站所垄断。3D Studio Max+Windows NT 组合的出现降低了 CG 制作的门槛，开始运用在计算机的建模和游戏动画的制作上，之后更进一步开始用于影视片的特效制作。为了提高职业院校讲授这门课程的系统性，我们几位长期从事 3ds Max 教学的教师经过精心策划，认真讨论，结合学生的实际学习特点而编写了这本教材。

　　我们对本书的编写体系做了精心的设计，按照"项目引领—任务分析—任务实施—必备知识—任务拓展—项目总结—项目评价—实战强化"的思路进行编写，力求实例典型、操作简单易学。在内容编写方面，我们注重循序渐进，力求细致全面、重点突出；在文字叙述方面我们注意言简意赅、通俗易懂；在案例选取方面，我们强调案例的针对性和实用性。

　　本书内容丰富、结构清晰、技术参考性强，非常适合职业院校平面设计、影视广告设计及相关专业使用，也可以作为众多广告设计制造爱好者的参考教材。

　　本书操作详略得当、重点突出，理论讲解虚实结合、简明实用，在每个项目中都安排了"任务拓展"和"实战强化"，以实例形式演示 3ds Max 2017 的应用知识，加强了本书的实践操作性，使读者在了解理论知识的同时，动手能力也得到同步提高。并帮助读者在认真学习后，能在 3ds Max 的世界中打造出属于自己的一片天地。

　　本书参考学时为 72 小时，各个项目参考课时可以参见下面的学时分配表。

学时分配表

项目	课程内容	学时
项目 1	初识 3ds Max 2017	4
项目 2	3ds Max 2017 基础建模	8
项目 3	3ds Max 2017 高级建模	14
项目 4	3ds Max 2017 材质与贴图	14
项目 5	3ds Max 2017 灯光与摄影机	12
项目 6	环境与特效	10
项目 7	综合案例	10

由于编者水平有限，书中难免有不足之处，敬请广大读者批评指正。

编 者

CONTENTS 目录

项目 1

初识 3ds Max 2017 ………………………………… 1
    任务 1   认识 3ds Max 2017 工作界面 …………… 3
    任务 2   设计 3ds Max 作品 ………………………… 8

项目 2

3ds Max 2017 基础建模 ……………………………… 17
    任务 1   制作简易茶几 ……………………………… 18
    任务 2   制作凉亭模型 ……………………………… 23
    任务 3   制作垃圾桶模型 …………………………… 38

项目 3

3ds Max 2017 高级建模 ……………………………… 47
    任务 1   制作书架 …………………………………… 48
    任务 2   制作果盘 …………………………………… 52
    任务 3   制作办公椅 ………………………………… 56
    任务 4   制作时尚艺术凳 …………………………… 63
    任务 5   制作牵牛花 ………………………………… 69
    任务 6   制作高跟鞋 ………………………………… 75

项目 4

3ds Max 2017 材质与贴图 · · · · · · 83

- 任务 1　为古典椅子添加材质 · · · · · · 84
- 任务 2　光线跟踪材质——制作灯泡 · · · · · · 95
- 任务 3　多维/子对象材质——制作骰子 · · · · · · 102
- 任务 4　制作迷宫 · · · · · · 107

项目 5

3ds Max 2017 灯光与摄影机 · · · · · · 119

- 任务 1　为卡通人物场景创建灯光 · · · · · · 120
- 任务 2　制作桌面一角效果 · · · · · · 126
- 任务 3　制作电话亭效果 · · · · · · 132

项目 6

环境与特效 · · · · · · 137

- 任务 1　制作山间云雾 · · · · · · 138
- 任务 2　制作火炬 · · · · · · 143
- 任务 3　制作光束文字 · · · · · · 148

项目 7

综合案例 · · · · · · 155

- 任务 1　制作客厅的基本框架 · · · · · · 156
- 任务 2　制作窗户 · · · · · · 157
- 任务 3　制作室内装饰 · · · · · · 159
- 任务 4　制作材质 · · · · · · 161
- 任务 5　合并模型 · · · · · · 162
- 任务 6　添加灯光 · · · · · · 162
- 任务 7　渲染输出 · · · · · · 163

参考文献 · · · · · · 167

项目 1

初识 3ds Max 2017

- ■ 认识 3ds Max 2017 工作界面
- ■ 设计 3ds Max 作品

1995年3D电影《玩具总动员》在全球缔造了3.6亿美元的票房纪录。2003年5月30日上映的《海底总动员》最终以3.4亿美元的全美票房打破了《狮子王》保持的3.285亿美元的动画片最高票房纪录。2010年3D电影《阿凡达》更是创造了票房的奇迹，28亿美元的票房至今仍排在第一位。图1-1所示为3D电影中的截图。想必吸引大家的不仅是跌宕起伏的故事情节，还有美轮美奂的场景和人物造型，这些是如何做出来的呢？

ⓐ　　　　　　　　ⓑ　　　　　　　　ⓒ

图1-1　3D电影中的截图

近年来虚拟现实（Virtual Reality，VR）技术将3D技术推到了一个新的高度，由于它能够再现真实的环境，并且人们可以介入其中参与交互，使得虚拟现实系统可以在许多方面得到广泛应用。随着各种技术的深度融合，相互促进，虚拟现实技术在教育、军事、工业、艺术与娱乐、医疗、城市仿真、科学计算可视化等领域的应用都有极大的发展，如图1-2所示。虚拟技术中的三维模型是如何制作出来的呢？

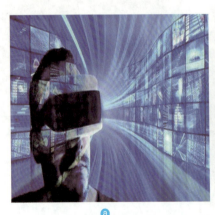 

ⓐ　　　　　　　　　　　　ⓑ

图1-2　VR技术的应用

3ds Max是当今世界使用最广泛的三维软件之一，在建模、灯光、材质、渲染、动画等方面都有着非常优秀的表现，在设计建筑、影视动画、游戏等行业中的应用非常广泛。本项目将带领大家进入三维奇妙世界，去遨游三维的广袤空间。

任务1　认识3ds Max 2017工作界面

任务分析

在学习 3ds Max 2017 之前，首先要认识它的操作界面，并熟悉各个控制区的用途和使用方法，这样在设计模型过程中使用各个工具和命令才能得心应手。本任务将通过一个案例的操作，让大家了解 3ds Max 的软件界面和常用的操作方法。

任务实施

1. 认识快速工具栏

快速工具栏如图 1-3 所示。

图1-3　快速工具栏

启动 3ds Max 2017，出现的窗口就是 3ds Max 2107 的设计工作界面，在窗口最上方就是快速工具栏，其中包含工作区的设定、新建、打开、保存、撤销、重做及设置项目文件夹等按钮，这些按钮可以根据实际需求进行设定，设置方法是单击快速工具栏最右侧的按钮，在弹出的下拉列表中进行设置，如图 1-4 所示。

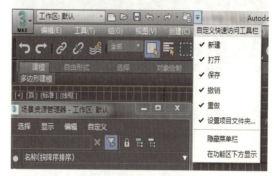

图1-4　自定义快速工具栏

2. 认识菜单栏

在快速工具栏下面就是菜单栏，在每个菜单中都包含与 3D 设计操作有关的命令。在后面的操作中会逐步使用其中的功能，如图 1-5 所示。

图1-5　菜单栏

在 3ds Max 2017 中，文件菜单用 图标替代，单击该图标可以弹出"文件"相关的操作，如文件新建、重置、打开、保存、导出、导入等操作。

3. 认识工具栏

在菜单栏下方就是主工具栏，它是由一组带有图案的按钮组成的，可以使 3ds Max 操作变得更为便捷，如图 1-6 所示。

图1-6　工具栏

工具栏根据实际需求可以改变位置，将鼠标指针移动到主工具栏的空白处，单击并拖动主工具栏，主工具栏将随之移动，没有被显示的命令按钮便会出现在工作界面之中，如图 1-7 所示。

图1-7　浮动工具栏

在主工具栏中，有些按钮右下角带有一个三角形标志，说明它内部还包含了扩展按钮，在这些按钮上按下鼠标左键不放，会弹出扩展工具栏，如图1-8所示。

图1-8 扩展工具栏

4. 认识命令面板

在窗口最右侧的矩形区域就是命令面板，用于建立模型和修改模型数据及打灯光，用户可以方便地对模型进行参数设置，当选中操作对象时，在命令面板下方会出现对象的属性面板，如图1-9所示。

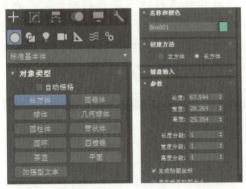

图1-9 命令面板

5. 认识视图工作区

视图工作区是主要工作区，可以调节视图窗口。默认状态下，它由顶视图、前视图、左视图和透视图组成，为了操作方便可以随时调整每个视图的大小，操作方法可通过右下方的视图控制区来实现（它和动画控制区在一起），如图1-10所示。

图1-10 视图工作区

视图操作除了使用视图操作按钮外，还可以使用快捷键操作，如最大化视图窗口，按F键可切换到前视图，按T键可切换到顶视图，按P键可切换到透视图，按L键可切换到左视图。

6. 认识时间轴轨迹栏和动画控制区

在视图工作区下方就是时间滑块和轨迹栏，它们是用来控制动画的，通过时间滑块拖动和移动到活动时间段中的任何帧上，如图1-11和图1-12所示。

图1-11 时间轴轨迹栏

图1-12 动画控制区

7. 认识状态栏

时间轴轨迹栏的下方是状态栏，状态栏包含了宏录制器行、脚本行、状态行、提示行、"选择锁定切换"按钮、"偏移/绝对变换输入"按钮、坐标显示区、栅格设置显示行等，如图1-13所示。

图1-13 状态栏

必备知识

1. 3ds Max 2017 系统要求

软件名称：3ds Max 2017 简体中文版 64 位版。

软件大小：安装包大小 4.08GB。

运行环境：Windows 7　64 位及以上。

发行时间：2016 年 3 月。

制作发行：Autodesk（欧特克公司）。

地区：美国。

语言：中文。

2. 3ds Max 2017 新增功能

1）三维动画

（1）文本工具。将数据驱动信息添加到场景中。选择工作时所需的控制级别：编辑整个段落和单词或单个字母。当用户从 Microsoft Word 文档复制文本时，3ds Max 2017 还会保留字体主题、字体样式和字形等信息，简化了从 2D 到 3D 的工作流。

（2）测地线体素和热量贴图蒙皮。在较短时间内生成更好的蒙皮权重。可以在绑定姿势外部（或在选定区域中）运行测地线体素和热量贴图蒙皮，从而更轻松地优化特定点的权重。测地线体素和热量贴图蒙皮可以处理无间隙的复杂几何体，并且可以包含非重叠或重叠组件，实际生成的网格中经常出现此类情况。

（3）动画控制器（Max Creation Graph，MCG）。MCG 中的编写动画控制器采用新一代动画工具，可以创建、修改、打包和共享动画。Extension 1 包含 3 种基于 MCG 的新控制器：注视约束、光线至曲面变换约束和旋转弹簧控制器。通过 MCG 与 Bullet Physics 引擎的示例集成，可以创建基于物理的模拟控制器。

（4）摄影机序列器。通过更轻松地创建高质量的可视化动画和影片并更自如地控制摄影机讲述精彩故事。以非破坏性方式在摄影机裁切、修剪和重新排序动画片段——保留原始数据不变。

（5）双四元数蒙皮。通过更逼真的变形创建更好的蒙皮角色。避免在角色的肩部或腕部因网格扭曲或旋转变形器时会丢失体积而出现的"蝴蝶结"或"糖果包裹纸"效果。利用蒙皮修改器中的新选项，用户能够绘制蒙皮对曲面所产生的一定数量的影响；在需要的位置使用该选项，在不需要的位置逐渐减少为线性蒙皮。

2）三维建模和纹理

（1）OpenSubdiv 支持。利用新增的对 OpenSubdiv 的支持（在 3ds Max 2015 Extension 1 中首次引入），用户可以使用由 Pixar 开源的 OpenSubdiv 库表示细分曲面。该库集成了 Microsoft Research 的技术，旨在同时利用并行的 CPU 和 GPU 架构。结果使网格视口内性能更快且具有较高细分级别。

（2）增强的 ShaderFX。获得更多着色选项，并改善了 3ds Max、Maya 和 Maya LT 之间的明暗器互操作性。利用新的节点图案（包括波形线、泰森多边形、单一噪波和砖形）创建范围更广的程序材质。使用新的凹凸工具节点依据二维灰度图像创建法线贴图。通过可搜索节点浏览器，快速访问明暗器。

3）三维渲染

（1）A360 渲染支持。3ds Max 2017 使用与 Revit 和 AutoCAD 相同的技术，可为 Subscription 合约客户提供 Autodesk A360 渲染支持。A360 使用云计算，可以创建令人印象深刻的高分辨率图像，而无须占用桌面或需要专业的渲染硬件。创建日光研究渲染、交互式全景和照度模拟。重新渲染以前上载的文件中的图像。轻松地与他人共享文件。

（2）物理摄影机。与 V-Ray 制造商 Chaos Group 协作开发，新的物理摄影机具备快门速度、光圈景深、曝光及其他可模拟真实摄影机设置的选项。利用增强的控制和其他视口内反馈,可以更轻松地创建真实照片级图像和动画。

(3)支持新的Iray和Mental Ray增强功能。借助对Iray和Mental Ray增强功能(如已扩展的Iray Light Path Expressions、Iray辐照度渲染元素和灯光重要性采样)的支持,渲染真实照片级图像现在变得更加容易。

4)UI设计的工作流程

(1)游戏导出器。可以将数据从3ds Max(如模型、动画应用、角色装备、纹理、材质、LOD、灯光和摄影机)传输至游戏引擎(如Unity、Unreal Engine和Stingray)。方法是使用FBX交换技术。

(2)活动链接。可以下载Stingray,充分利用3ds Max与Stingray引擎之间新的活动链接,Stingray具有较高的工具交互水平,可大大缩短在场景创建、迭代和测试方面所花费的时间。

(3)更好地支持Stingray明暗器。使用Stingray时,可以通过ShaderFx增强功能为基于物理的明暗器提供更好的支持。将在ShaderFx中创建的材料轻松传输至Stingray,享受这两个工具视觉上的一致性。

(4)集成创意市场三维内容商店。创意市场是一个在线市场,可以从中购买和销售要在项目中使用的资源。可以直接从3ds Max界面浏览高质量的三维内容。

(5)Max Creation Graph。在客户针对功能提出建议和进行投票的用户建议论坛中,这种新的基于节点的工具创建环境呼声最高。通过在类似于"板岩材质编辑器"的直观环境中创建图形,利用几何对象和修改器来扩展3ds Max。从数百种可连接的节点类型(运算符)中进行选择来创建新工具和视觉特效。通过保存称为复合体的图形创建新节点类型,打包和共享新工具,并帮助其他用户扩展工具集。

(6)外部参照改造。新增了对外部参照中非破坏性动画工作流的支持,并且提高了稳定性,现在可以更轻松地在团队之间和整个制作流程中进行协作。通过外部参照将对象引入场景并对其进行动画制作,或者在源文件中编辑外部参照对象的材质,而无须将对象合并到场景中。本地场景会自动继承源文件中所做的更改。

(7)"场景资源管理器"和"图层管理器"的改进。"场景资源管理器"和"图层管理器"的性能有所提高,并且稳定性得到改进,处理复杂的场景变得更容易。

(8)设计工作区。使用设计工作区可以轻松地访问3ds Max的主要功能。能够比以往更为轻松地导入设计数据来创建逼真的可视化效果。设计工作区采用基于任务的逻辑系统,可轻松地访问对象放置、照明、渲染、建模和纹理制作工具。

(9)更轻松的Revit和SketchUp工作流。利用3ds Max 2015 Extension 2中首次引入的新的、更紧密的Revit集成,通过导入和文件链接方式将Revit .RVT文件直接引入3ds Max。将Revit模型导入3ds Max的速度提高了10倍以上。新的集成提供了增强的功能,如改进的实例、额外的BIM数据及多个摄影机。SketchUp用户可通过导入SketchUp 2015文件在3ds Max中进行进一步设计。

(10)模板系统。借助可提供标准化启动配置的新按需模板加快场景创建流程。使用简单的导入/导出选项在团队和办公室之间共享模板。创建新模板或针对工作流定制现有模板。内置的渲染、环境、照明和单位设置可提供更精确的项目结果。

(11)Alembic支持。在Nitrous视口中查看大型数据集,并通过新增的Alembic支持在整个制作流程中更轻松地传输这些数据集。使用经过生产验证的技术,并以可管理的形式在整个制作流程中移动复杂的数据。技术可对复杂的动画和模拟数据进行提取，获得一组非程序性与应用程序无关的烘焙几何体结果。

（12）欧特克转换框架。欧特克转换框架（ATF）简化了欧特克和第三方文件格式（包括 Solid Works）的数据交换。利用以烘焙关键帧形式将 Inventor 约束和连接驱动动画导入 3ds Max 中的功能，可以不安装 3ds Max 便可创建高质量的机械设计动画。

（13）多点触控支持。3ds Max 2017 具备多点触控三维导航功能，能够更自由地与三维内容交互。软件支持 Wacom Intuos 5 数位板、Cintiq 24HD 和 Cintiq Companion，以及支持触摸的 Windows 8 设备。这些设备能够实现自然交互，一只手持笔的同时另一只手执行多指手势，从而动态观察、平移、缩放或旋转场景。

任务拓展

设置系统界面颜色

【步骤1】启动 3ds Max，进入主界面，如图 1-14 所示。

图1-14　3ds Max 界面

【步骤2】在菜单栏中执行"自定义"→"自定义用户界面"命令，在打开的"自定义用户界面"对话框中可以根据自己的需求选择不同的选项，如鼠标、工具栏、菜单等，如图 1-15 所示。

图1-15　"自定义用户界面"对话框

【步骤3】在"自定义用户界面"对话框中，选择"颜色"选项卡，如图 1-16 所示。

图1-16　"颜色"选项卡

【步骤4】在"元素"下拉列表中选择"视口"选项，在下面的列表框中选择"视口背景"选项，如图 1-17 所示。

图1-17　"视口背景"选项

【步骤5】单击颜色右面的颜色色块，弹出"颜色选择器"窗口，并从中设置一个颜色，如图1-18所示。

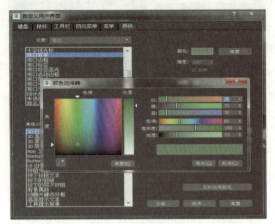

图1-18 设置颜色

【步骤6】在"颜色"选项卡中，单击"立即应用颜色"按钮，如图1-19所示。

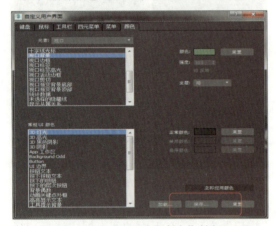

图1-19 "立即应用颜色"按钮

设计一个3D作品

【步骤7】单击"保存"按钮可以将这个界面设置的参数保存起来，下次通过重新加载界面来进行参数的设置。应用设置后的主界面如图1-20所示。

图1-20 应用设置后的主界面

【步骤8】在菜单栏中执行"自定义"→"加载自定义用户界面方案"命令，打开"加载自定义用户界面方案"对话框，选择一个用户方案，如图1-21所示。

图1-21 "加载自定义用户界面方案"对话框

任务2　设计3ds Max作品

任务分析

3ds Max软件广泛应用于各种三维模型的制作中。设计一个三维作品大体经过建模、赋予材质、添加灯光、调整摄像机、渲染出图片、后期加工等环节。本任务是一个简单的实例设计过程。

任务实施

1. 启动3ds Max 2017软件

启动3ds Max 2017软件后，系统会自动创建一个新文件。在制作之前需要做简单的设置，首先重置文件，单击文件菜单 图标，在弹出的下拉菜单中选择"重置"命令。这样系统将恢复默认状态，方便用户操作，如图1-22所示。

项目 1　初识 3ds Max 2017

图1-22　重置文件

2. 设置单位

在菜单栏中执行"自定义"→"单位设置"命令，打开"单位设置"对话框，在"显示单位比例"选项区域中选中"公制"单选按钮，单位选择"厘米"后，单击"确定"按钮，参数面板中长度单位以"厘米"为单位，如图1-23所示。

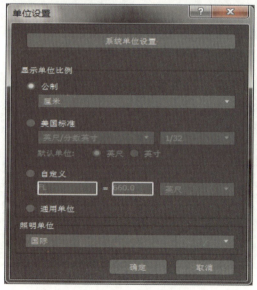

图1-23　单位设置

3. 创建地面模型和茶壶模型

在"新建"面板中的"标准基本体"中选择"长方体"选项后，在透视图中拖曳鼠标画出长方体的底面后单击，向上移动鼠标画出长方体的高度后单击，一个长方体模型就建立完成了。在工具栏中选择"移动""旋转""缩放"命令 对长方体进行修改，也可以选择模型在"修改"面板中直接输入参数值进行修改，如图1-24所示。

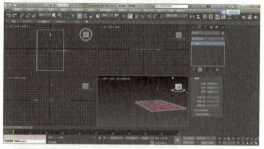

图1-24　创建地面

使用同样的方法在"新建"面板中的"标准基本体"中选择"茶壶"选项，在透视图中创建一个茶壶模型，通过"移动""旋转""缩放"命令对"茶壶"进行修整，并置于长方体上面，如图1-25所示。

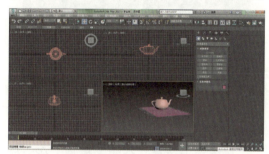

图1-25　创建茶壶

4. 为长方形添加木纹材质

选择长方体模型，选择"渲染"→"材质编辑器"→"精简材质编辑器"命令，在打开的"材质编辑器"窗口中选择第一个材质球，在"明暗器基本参数"中选择"Blinn"选项，在"Blinn 基本参数"中，单击"漫反射"后的贴图按钮，打开"材质/贴图浏览器"对话框，在其中选择"木材"选项后，单击"确定"按钮。在"漫反射颜色"中设置贴图参数，然后单击"将材质指定给选定对象"按钮，如图1-26和图1-27所示。

9

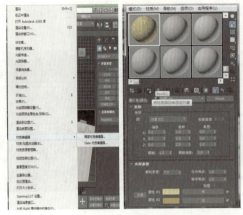

图1-26 创建地板材质

图1-27 地板材质参数

5. 为"茶壶"添加金属材质

在场景中选择"茶壶"模型,在"材质编辑器"中选择第二个材质球,并将其材质指定给"茶壶"模型,在"明暗器基本参数"中选择"金属"选项,在"反射高光"面板中设置"高光级别"为200,"光泽度"为50,选择"漫反射"颜色,在弹出的"颜色选择器:漫反射颜色"对话框中输入颜色RGB(220,220,220)后,单击"确定"按钮,如图1-28所示。

图1-28 金属材质参数(1)

在"贴图"面板中选择"反射"选项,单击其后面的"贴图类型"按钮,在弹出的"材质/贴图浏览器"对话框中选择"光线跟踪"选项,单击"确定"按钮,在"颜色选择器:背景色"对话框中,将背景中的环境色改为RGB(220,220,220),单击"确定"按钮,如图1-29和图1-30所示。

图1-29 金属材质参数(2)

图1-30 金属材质参数(3)

6. 设置灯光

选择"创建"→"灯光"→"标准灯光"→"自由聚光灯"选项,或者在"新建"面板中,单击"灯光"按钮,选择"自由聚光灯"选项,在左视图中创建灯光,利用移动、旋转工具,调整灯光的位置,如图1-31所示。

项目 1　初识 3ds Max 2017

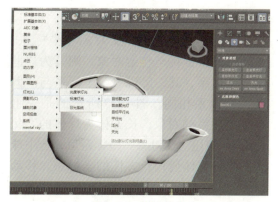

图1-31　创建灯光

选中"灯光",单击"修改"按钮,在修改面板中启用阴影,如图1-32所示。

图1-32　设置阴影

7. 渲染

选中透视图,调整模型大小和位置,选择"渲染"菜单中的"渲染"命令(或按Shift+Q组合键)。单击"保存"按钮将渲染图保存为图像文件,以备后用,如图1-33所示。

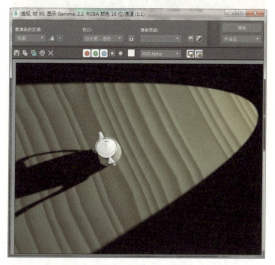

图1-33　金属材质参数

必备知识

3ds Max 2017 的"参照坐标系"

使用 3ds Max 2017 "参照坐标系"下拉列表框可以指定变换(移动、旋转和缩放)所用的坐标系。下拉列表框中的选项分别为"视图""屏幕""世界""父对象""局部""万向""栅格""工作""拾取"。在"屏幕"坐标系中,所有视图(包括透视图)都使用视图屏幕坐标。

1. "视图"

3ds Max 2017 视图是系统默认的坐标系,它是"世界"和"屏幕"坐标系的混合体,如图1-34所示。使用"视图"时,所有正交视图(顶视图、前视图和左视图)都使用"屏幕"坐标系。而透视图使用"世界"坐标系。在"视图"坐标系中,所有选择的正交视图中的 X、Y 和 Z 轴都相同:X 轴始终朝右,Y 轴始终朝上,Z 轴始终垂直于屏幕指向用户。

图1-34　视图坐标系

【技巧提示】

因为坐标系的设置是基于对象的变换,所以首先要选择变换,然后再指定坐标系。如果不希望更改坐标系,可以在3ds Max 2017中执行"自定义"→"首选项"命令,打开"首选项设置"对话框,在"常规"选项卡的"参照坐标系"组中选中"恒定"复选框,如图1-35所示。

11

图1-35 设置视图坐标系

2. "屏幕"

"屏幕"坐标系将活动视图用作坐标系。X轴为水平方向,正向朝右;Y轴为垂直方向,正向朝下;Z轴为深度方向,正向指向用户。因为"屏幕"坐标系模式取决于其他的 3ds Max 2017 活动视图,所以非活动视口中的三轴架上的 X、Y 和 Z 标签显示当前活动视图的方向。激活该三轴架所在的视图时,三轴架上的标签会发生变化。"屏幕"模式下的坐标系始终相对于观察点,如图1-36(a)所示。

3. "世界"

"世界"坐标系从前视图看:X轴正向朝右;Z轴正向朝上;Y轴正向指向背离用户的方向。在顶视图中 X 轴正向朝右,Z 轴正向朝向用户,Y 轴正向朝上。3ds Max 2017"世界"坐标系始终固定,如图1-36(b)所示。

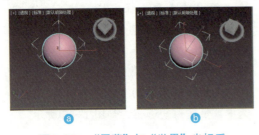

图1-36 "屏幕"与"世界"坐标系

4. "父对象"

使用选定对象的"父对象"坐标系。如果对象未链接至特定对象,则其为"世界"坐标系,其"父对象"坐标系与"世界"坐标系相同。图1-37所示的是一组有链接关系的对象,长方体为球体的"父对象",使用"父对象"坐标系后,选中球体,此时球体使用长方体的坐标系。移动球体会沿着长方体坐标滑动。

5. "局部"

使用选定对象的 3ds Max 2017 坐标系,对象的"局部"坐标系由其轴点支撑。使用"层次"面板上的选项,可以相对于对象调整"局部"坐标系的位置和方向。如果"局部"坐标系处于活动状态,则使用"变换中心"按钮会处于非活动状态,并且所有变换使用"局部"轴作为变换中心,在若干个对象的选择集中,每个对象使用其自身中心进行变换。"局部"坐标系为每个对象使用单独的坐标系,如图1-37(b)所示。

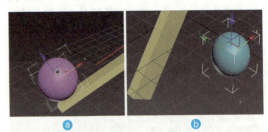

图1-37 "父对象"与"局部"坐标系

6. "万向"

"万向"坐标系可以与"Euler XYZ 旋转"控制器一同使用。它与"局部"坐标系类似,但其3个旋转轴互相之间不一定成直角。对于移动和缩放变换,"万向"坐标系与"父对象"坐标系相同。如果没有为对象指定"Euler XYZ 旋转"控制器则"万向"坐标系的旋转与"父对象"坐标系的旋转方式相同。

项目 1　初识 3ds Max 2017

【技巧提示】

使用"局部"和"父对象"坐标系围绕一个轴旋转时，用户操作将会更改 2 个或 3 个"Euler XYZ 旋转"轨迹，而"万向"坐标系可避免这个问题，即围绕一个 Euler XYZ 旋转轴旋转仅更改轴的轨迹。使得功能曲线的编辑工作变得轻松。另外，利用"万向"坐标系的绝对变换输入会将相同的 Euler 角度值用作动画轨迹。

就是说，"栅格"对象的空间位置确定了当前创建物体的坐标系，如图 1-38 所示。

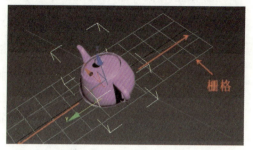

图 1-38　"栅格"坐标系

7."栅格"

"栅格"坐标系具有普通对象的属性，与视图窗口中的栅格类似，用户可以设置它的长度、宽度和间距。执行"创建"→"辅助对象"→"栅格"命令后就可以像创建其他物体那样在视图窗口中创建一个"栅格"对象，选择"栅格"并右击，从弹出的快捷菜单中选择"激活栅格"命令；当用户选择"栅格"坐标系后，创建的对象将使用与"栅格"对象相同的坐标系。也

8."工作"

"工作"坐标系可以自定义坐标系。

任务拓展

将坐标轴移动到物体中心

选择命令面板中的"层次"→"轴"命令，在"调整轴"面板中单击"仅影响轴"按钮，在"对齐"面板中单击"居中到对象"按钮，然后单击"轴"按钮，再单击"轴"按钮，结束操作，如图 1-39 所示。

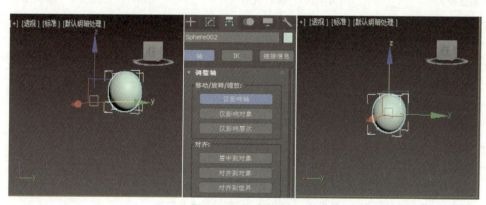

图 1-39　移动坐标轴

项目总结

本项目主要是介绍了 3ds Max 的基本界面和常用的工具，对 3ds Max 的功能有了一个大概的了解，3ds Max 本身是一个庞大的综合性三维软件，了解了它的基本属性，意味着开始向它的学习迈出了第一步，在以后的项目中将通过案例对 3ds Max 的操作进行详细的介绍和学习。

【小技巧】

3ds Max的操作除了使用命令外，还可以使用快捷键以方便使用者快速完成操作，关于视图的快捷键使用如下。

A——角度捕捉开关
B——切换到底视图
C——切换到摄像机视图
D——封闭视窗
E——切换到轨迹视图
F——切换到前视图
G——切换到网格视图
H——通过名称选择对话框
I——交互式平移
J——选择框显示切换
K——切换到背视图
L——切换到左视图
M——材质编辑对话框
N——动画模式开关
O——自适应退化开关
P——切换到透视图
Q——显示选定物体三角形数目
R——切换到右视图
S——捕捉开关
T——切换到顶视图
U——切换到等角用图
V——旋转场景
W——最大化视窗开关
X——坐标轴高亮显示开关
Y——工具栏界面转换
Z——缩放模式
F1——帮助文件
F3——线框与光滑高亮显示切换
F4——EDGED FACES 显示切换
F5——约束到 X 轴方向
F6——约束到 Y 轴方向
F7——约束到 Z 轴方向
F8——约束轴面循环

F9——快速渲染
F10——渲染对话框
F11——MAX 脚本程序编辑
F12——键盘输入变换
Delete——删除选定物体
Space——选择集锁定开关
End——进到最后一帧
Home——进到起始帧
Insert——循环子对象层级
Pageup——选择父系
Pagedown——选择子系
Ctrl+A——重做场景操作
Ctrl+B——子对象选择开关
Ctrl+F——循环选择模式
Ctrl+L——默认灯光开关
Ctrl+N——新建场景
Ctrl+O——打开文件
Ctrl+P——平移视图
Ctrl+R——旋转视图模式
Ctrl+S——保存文件
Ctrl+T——纹理校正
Ctrl+T——打开工具箱（NURBS 曲面建模）
Ctrl+W——区域缩放模式
Ctrl+Z——撤销场景操作
Ctrl+Space——创建定位锁定键
Shift+B——视窗立方体模式开关
Shift+A——重做视图操作
Shift+E——以前次参数设置进行渲染
Shift+C——显示摄像机开关
Shift+G——显示网格开关
Shift+F——显示安全框开关
Shift+I——显示最近渲染生成的图像

Shift+H——显示辅助物体开关
Shift+O——显示几何体开关
Shift+L——显示灯光开关
Shift+Q——快速渲染
Shift+P——显示粒子系统开关
Shift+S——显示形状开关
Shift+R——渲染场景
Shift+Z——取消视窗操作
Shift+W——显示空间扭曲开关
Shift+\\——交换布局
Shift+4——切换到聚光灯/平行灯光视图
Alt+S——网格与捕捉设置
Shift+Space——创建旋转锁定键
Alt+Ctrl+Z——场景范围充满视窗
Alt+Space——循环通过捕捉
Shift+Ctrl+A——自适应透视网线开关
Alt+Ctrl+Space——偏移捕捉
Shift+Ctrl+Z——全部场景范围充满视窗
Shift+Ctrl+P——百分比捕捉开关
1——打开与隐藏工具栏
6——冻结选择物体
7——解冻被冻结物体

项目 1　初识 3ds Max 2017

▎▎▎▎▎▎▎▎▎▎▎▎▎▎▎▎▎▎▎▎▎ 项目评价 ▎▎▎▎▎▎▎▎▎▎▎▎▎▎▎▎▎▎▎▎▎

在本项目中，学习了 3ds Max 的基本界面及基本操作和 3ds Max 作品的制作过程。下面给自己做个评价吧。

	很满意	满意	还可以	不满意
任务完成情况				
与同组成员沟通及协调情况				
知识掌握情况				
体会与经验				

▎▎▎▎▎▎▎▎▎▎▎▎▎▎▎▎▎▎▎▎▎ 实战强化 ▎▎▎▎▎▎▎▎▎▎▎▎▎▎▎▎▎▎▎▎▎

利用 3ds Max 中标准基本体模型，采用"搭积木"的方式搭建一个模型，如"小房子""小亭子"等。

项目 2

3ds Max 2017 基础建模

- 制作简易茶几
- 制作凉亭模型
- 制作垃圾桶模型

建模是一幅作品的基础，3ds Max 2017 提供了多种创建三维模型的方法，本项目先学习创建基本三维模型、样条线的使用方法。在项目1中已经对3ds Max的建模技术有了一定的了解，在本项目和项目3中，将系统地学习3ds Max的建模技术。3ds Max的建模主要是通过"创建"和"修改"面板来实现的。"创建"面板包含创建新对象的控件，这是构建场景的第一步；"修改"面板提供完成建模过程的控件，可以利用它修改创建的对象，修改范围包括从对象的创建参数到模型细节等。

任务1　制作简易茶几

任务分析

本实例主要通过"标准基本体"面板中的"长方体"和"圆柱体"命令制作一个简易的玻璃茶几造型；在制作茶几的过程中主要掌握"复制"命令的使用。

任务实施

1. 设置模型长度单位

制作简易茶几

首先启动3ds Max 2017中文版，执行"自定义"→"单位设置"命令，在打开的"单位设置"对话框中将单位设置为"毫米"，如图2-1所示。

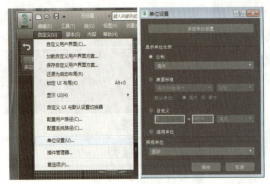

图2-1　单位设置

2. 创建长方体模型

执行"创建"→"几何体"→"长方体"命令，在顶视图中单击并拖动鼠标创建一个长方体，作为"茶几面"。

【小技巧】

创建完物体后应立即给物体命名，这样在后面的操作中就可以很轻松地按名称进行选择。

3. 修改长方体参数

单击"修改"按钮，进入修改面板，修改"长度"为1200mm、"宽度"为800mm、"高度"为10mm，再单击视图控制区的"所有视图最大化显示"按钮，效果如图2-2所示。

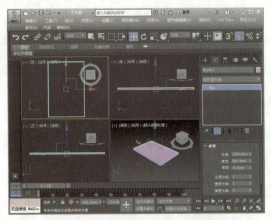

图2-2　长方体的形态及参数

【小技巧】

执行"所有视图最大化显示"命令时，也可以使用快捷键Z。

4. 创建并修改圆柱体

执行"创建"→"几何体"→"圆柱体"命令，在顶视图中拖动鼠标创建一个圆柱体。单击"修改"按钮，进入修改面板，修改圆柱体的"半径"为25mm、"高度"为450mm，作为"茶几腿"，如图2-3所示。

项目2 3ds Max 2017 基础建模

图2-3 圆柱体的参数设置

5. 移动长方体位置

在前视图或左视图中将长方体移动到圆柱体的上面。

6. 最大化视图

激活顶视图，按下 Alt+W 组合键，将顶视图最大化显示。

7. 复制圆柱体

选择"圆柱体"，单击工具栏中的"选择并移动"按钮，按住 Shift 键，沿 X 轴拖动鼠标到合适位置后松开，会弹出一个"克隆选项"对话框，选中"实例"单选按钮，然后单击"确定"按钮，如图 2-4 所示。

图2-4 "克隆选项"对话框

【小技巧】

选中"实例"单选按钮，可以复制一个新的三维模型，如果修改其中一个，其他模型也会随之改变，当复制的造型完全一样时，则需要选中此单选按钮；如果造型不完全一样，需要进行修改时，则应选中"复制"单选按钮。

8. 继续复制圆柱体

在顶视图中同时选择两个圆柱体，沿 Y 轴复制一组，位置如图 2-5 所示。

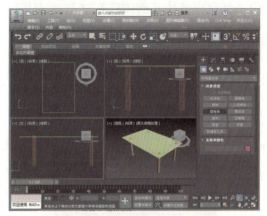

图2-5 复制两个圆柱体的位置

9. 制作搁板

在顶视图中选择"长方体"，在前视图中沿 Y 轴向下复制一个长方体，作为"搁板"。单击"修改"按钮，进入修改面板，修改"长度"为 1000mm、"宽度"为 600mm，"高度"不变，如图 2-6 所示。

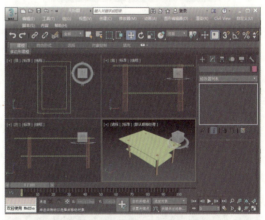

图2-6 搁板的位置及参数设置

10. 保存文件

单击快速工具栏中的"保存"按钮，将此造型保存为"简易茶几模型 .max"。

必备知识

场景中实体 3D 对象和用于创建它们的对象，称为几何体。标准基本体是利用 3ds Max

系统配置的几何体造型创建的，包括长方体、圆锥体、球体、几何球体、圆柱体、管状体、圆环、四棱锥、茶壶、平面10种。它们常用来组合成其他几何体或在这些标准基本体基础上运用各种修改器创建其他模型。

通过"创建"面板创建标准基本体，"创建"面板是命令面板的默认状态，如图2-7所示。3ds Max包含的10个标准基本体可以在视图窗口中通过鼠标轻松创建，而且大多数基本体也可以通过键盘生成。

图2-7　创建面板

1. 长方体的创建

长方体是3ds Max中最为简单和常用的几何体，其形状由长度、宽度和高度3个参数确定，如图2-8所示。

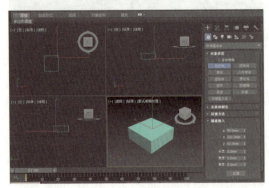

图2-8　长方体模型

2. 圆锥体的创建

使用"创建"面板上的"圆锥体"按钮可以创建直立或倒立的圆锥体、圆台体、棱锥体、棱台体以及它们的局部模型，如图2-9所示。其形状由半径1（底面半径）、半径2（顶面半径）和高度3个参数确定。

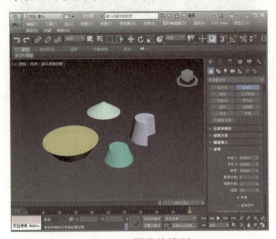

图2-9　圆锥体模型

【小技巧】

"启用切片"复选框用于控制物体是否被分割，当该复选框被选中时，可创建不同角度的扇面锥体。其他旋转体（如球体、圆柱体、管状体等）均有此复选框。

3. 球体的创建

使用"创建"面板上的"球体"按钮可以创建完整的球体、半球体或球体的其他部分。其形状主要由半径和分段两个参数确定，如图2-10所示。

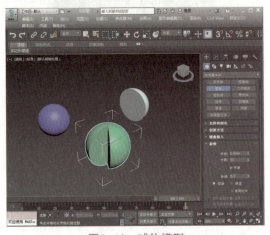

图2-10　球体模型

项目 2　3ds Max 2017 基础建模

【小技巧】

在"参数"卷展栏中,设置"半球"为 0.5,则球体将缩小为上半部分,创建半球。

4. 几何球体的创建

几何球体与球体是两种不同的标准几何体,几何球体是用多面体来逼近的几何球体,球体则是通常意义上的球体。球体表面由许多四角面片组成,而几何球体表面由许多三角面片组成,如图 2-11 所示。

6. 圆环

使用"创建"面板上的"圆环"按钮可以创建一个环形或具有圆形横截面的环,不同参数进行组合还可以创建不同的变化效果,如图 2-13 所示。

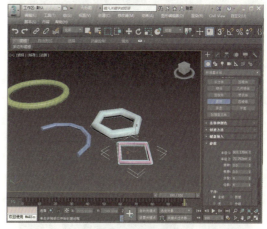

图 2-13　圆环模型

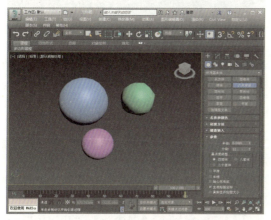

图 2-11　几何球体模型

5. 圆柱体的创建

使用"创建"面板上的"圆柱体"按钮可以创建圆柱体、棱柱体及它们的局部模型,如图 2-12 所示。其形状由半径、高和边数 3 个参数确定。

【小技巧】

"分段"参数是对长方体做修改和渲染用的。例如,给长方体添加弯曲修改器时,段数越多,对物体进行修改后的变化越平滑,渲染效果越好。但随着段数值的增加,计算量就越大,同时也要耗费更多的内存。因此设置段数时,在不影响效果的情况下应尽可能小(创建其他几何体时,有关段数的设置同样,此后不再说明)。

任务拓展

拓展 1　制作液晶电视

【步骤 1】启动 3ds Max 2017 中文版,执行"自定义"→"单位设置"命令,在打开的"单位设置"对话框中将单位设置为"毫米"。

【步骤 2】在前视图中创建一个 820mm×1300mm×60mm 的长方体,作为"电视机壳",参数设置如图 2-14 所示。

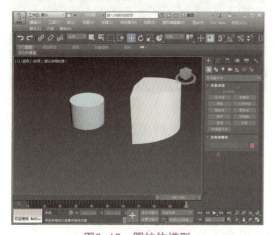

图 2-12　圆柱体模型

图2-14 长方体参数的设置

【步骤3】在前视图中使用移动复制的方式复制一个长方体,作为"电视机的黑边",修改参数为750mm×1150mm×10mm,参数及位置的设置如图2-15所示。

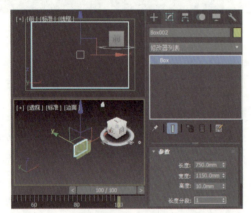

图2-15 电视机黑边的参数及位置设置

【步骤4】在前视图中再复制一个长方体,作为"电视机的屏幕",修改参数为700mm×1100mm×2mm,参数设置如图2-16所示。

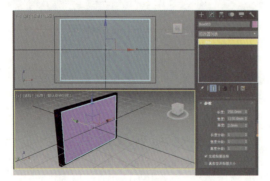

图2-16 电视机屏幕的参数设置

【步骤5】在前视图中创建一个80mm×10mm×2mm的长方体,再参照长方体的比例创建3个半球来代表电视机上的按钮,如图2-17所示。调整各个模型的位置并赋予不同的颜色。

图2-17 长方体及半球按钮的设置

【步骤6】保存文件,并命名为"液晶电视.max"。

拓展2 制作电视柜

【步骤1】启动3ds Max 2017中文版,执行"自定义"→"单位设置"命令,在打开的"单位设置"对话框中将单位设置为"毫米"。

【步骤2】执行"创建"→"几何体"→"长方体"命令,在顶视图中单击并拖动鼠标创建一个550mm×2400mm×240mm的长方体,作为"柜架",如图2-18所示。

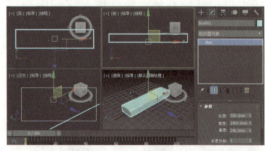

图2-18 长方体参数的设置

【步骤3】在前视图中创建两个长方体,作为"柜门"(170mm×760mm×5mm)及"把手"(15mm×480mm×10mm),调整各个模型位置如图2-19所示。

【步骤4】复制两组制作的柜门及把手,位置及效果如图2-20所示。

【步骤5】保存文件，并命名为"电视柜.max"。

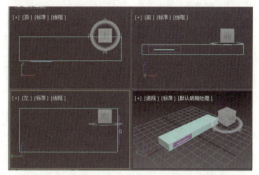

图2-19　柜门及把手的参数设置

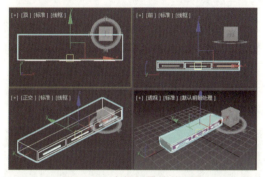

图2-20　电视柜最终效果图

任务2　制作凉亭模型

任务分析

创建凉亭模型时，首先，创建一个圆锥体、一个球体、一个切角圆柱体和4个切角长方体，制作凉亭的亭顶；其次，创建4个圆柱体，制作凉亭的亭柱；然后，使用"C形体""软管""油罐"和"球棱柱"等工具制作凉亭的靠背横条；最后，使用"长方体"和"L形体"工具制作凉亭的地基和阶梯。

任务实施

1. 设置模型长度单位

首先启动3ds Max 2017中文版，执行"自定义"→"单位设置"命令，在打开的"单位设置"对话框中将单位设置为"毫米"。

2. 创建球体

执行"创建"→"几何体"→"标准基本体"→"球体"命令，在透视图中单击并拖动鼠标创建一个球体，参数设置如图2-21所示。

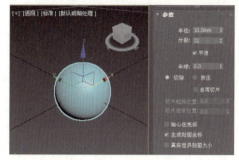

图2-21　球体参数设置

3. 创建圆锥体

执行"创建"→"几何体"→"标准基本体"→"圆锥体"命令，在透视图中单击并拖动鼠标创建一个圆锥体，参数设置如图2-22所示。

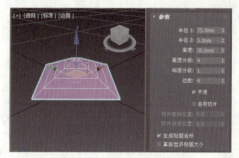

图2-22　圆锥体参数设置

4. 移动圆锥体

单击"选择并移动"按钮，将球体移动到圆锥体的正上方作为凉亭亭顶，效果如图2-23所示。

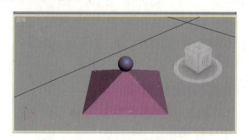

图2-23　将球体移动到圆锥体上方

制作凉亭模型

【小技巧】

移动球体时，可分别在左视图、前视图、顶视图和透视图中移动，以方便将球体移动到圆锥体的合适位置。

5. 设置切角圆柱体的创建方法

执行"创建"→"几何体"→"扩展基本体"→"切角圆柱体"命令，在打开的"创建方法"卷展栏中设置切角圆柱体的创建方法为"中心"，如图2-24所示。

6. 创建切角圆柱体

单击鼠标创建切角圆柱体，作为凉亭亭顶的檐，并调整其位置，参数设置如图2-25所示。

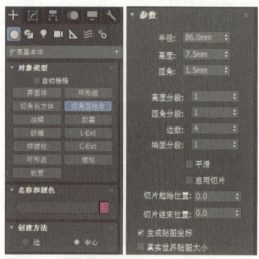

图2-24 设置切角圆柱体的创建方法　　图2-25 切角圆柱体的参数设置

7. 设置切角长方体的创建方法

执行"创建"→"几何体"→"扩展基本体"→"切角长方体"命令，在打开的"创建方法"卷展栏中设置切角长方体的创建方法为"长方体"，如图2-26所示。

8. 创建切角长方体

单击鼠标创建切角长方体，参数设置如图2-27所示。

图2-26 设置切角长方体的创建方法　　图2-27 切角长方体的参数设置

9. 旋转模型

将前面创建的圆锥体和切角圆柱体绕Z轴旋转45°，再利用移动克隆和旋转克隆的方法将前面创建的切角长方体再复制3个，并调整4个切角长方体的位置和角度，作为凉亭亭顶的横梁，效果如图2-28所示。

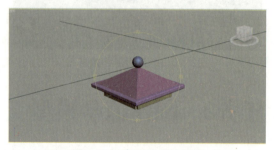

图2-28 亭顶的最终效果

10. 创建亭柱

执行"创建"→"几何体"→"标准基本体"→"圆柱体"命令，在顶视图中创建4个圆柱体，作为凉亭的亭柱，圆柱体的参数和效果如图2-29所示。

图2-29 圆柱体的参数和效果

11. 创建基座

执行"创建"→"几何体"→"标准基本体"→"长方体"命令，在顶视图中创建一个长方体，作为凉亭的地基，长方体的参数和效果如图 2-30 所示。

图2-30 长方体的参数和效果

12. 创建 C 形体

执行"创建"→"几何体"→"扩展基本体"→"C-Ext"命令，在打开的"创建方法"卷展栏中设置 C 形体的创建方法为"角点"，如图 2-31 所示。

图2-31 设置C形体的创建方法

13. 设置 C 形体的参数

在顶视图中创建 C 形体，并按照图 2-32 所示的参数进行设置，然后将 C 形体绕 Z 轴旋转 90°，并调整其位置，作为凉亭的座椅。

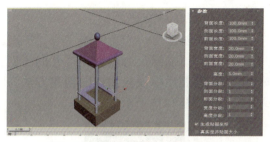

图2-32 设置C形体的参数和位置

14. 设置球棱柱的创建方法

执行"创建"→"几何体"→"扩展基本体"→"球棱柱"命令，在打开的"创建方法"卷展栏中设置球棱柱的创建方法为"中心"，如图 2-33 所示。

图2-33 设置球棱柱的创建方法

15. 创建石柱

在顶视图中创建球棱柱并设置其参数然后利用移动克隆的方法再复制出 11 个球棱柱（边数为 5mm，半径为 3mm，圆角为 0.5mm，高度为 15mm），并调整各球棱柱的位置，作为凉亭座椅下方的石柱，球棱柱的参数和最终效果如图 2-34 所示。

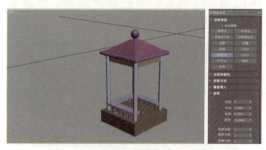

图2-34 球棱柱的参数和最终效果

16. 设置油罐的创建方法

执行"创建"→"几何体"→"扩展基本体"→"油罐"命令,在打开的"创建方法"卷展栏中设置油罐的创建方法为"中心",如图 2-35 所示。

图2-35 设置油罐的创建方法

17. 制作靠背横条

在顶视图中创建油罐模型并设置其参数,然后调整油罐的角度和位置,作为凉亭座椅一侧的靠背横条,油罐的参数和效果如图 2-36 所示。

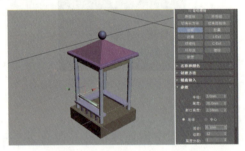

图2-36 油罐的参数和效果

18. 复制靠背横条

在顶视图中利用移动克隆的方法再复制出两个油罐,并调整其角度和位置,制作出凉亭座椅其他侧的靠背横条,效果如图 2-37 所示。

图2-37 凉亭的靠背横条效果

19. 制作靠背支柱

执行"创建"→"几何体"→"扩展基本体"→"软管"命令,在顶视图中创建一个软管,软管的参数和最终效果如图 2-38 所示,然后利用移动克隆的方法再复制 17 个软管,并调整各软管的角度和位置,作为凉亭座椅的靠背支柱。

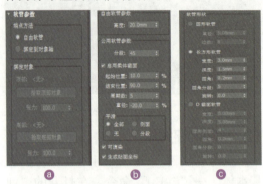

图2-38 软管的参数及最终效果

20. 设置 L 形体的创建方法

执行"创建"→"几何体"→"扩展基本体"→"L-Ext"命令,在打开的"创建方法"卷展栏中设置 L 形体的创建方法为"角点",如图 2-39 所示。

图2-39 设置L形体的创建方法

21. 制作台阶

在顶视图中创建 L 形体并设置其参数，然后适当调整角度和位置，如图 2-40 所示。

图2-40　L形体的位置调整和参数设置

22. 调整台阶参数

在顶视图中利用移动克隆的方法再复制两个 L 形体，作为凉亭的台阶，并调整其位置和参数，如图 2-41 所示。

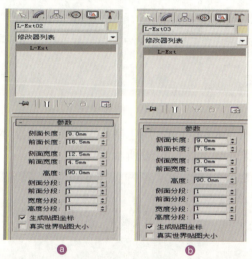

图2-41　凉亭台阶的参数及效果

23. 保存文件

单击快捷工具栏中的"保存"按钮，将此造型保存为"凉亭模型.max"。

必备知识

1. 扩展基本体的创建

扩展基本体是在标准基本体的基础上增加扩展特性后的几何体。在创建面板中单击 标准基本体 按钮，在打开的下拉列表中选择"扩展基本体"选项，即可显示扩展基本体按钮。

扩展基本体比标准基本体的形态更复杂，参数也比较多，因此能够制作出更为复杂的造型。图 2-42 中显示了 13 种扩展基本体。

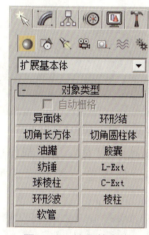

图2-42　扩展基本体

（1）异面体：用于制作各种奇特表面组合的多面体，如钻石、链子球等，如图 2-43 所示。

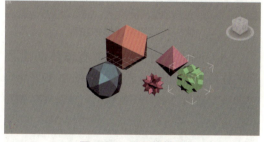

图2-43　异面体模型

（2）环形结：用于制作管状相互连缠在一起的造型，如图 2-44 所示。

项目 2　3ds Max 2017 基础建模

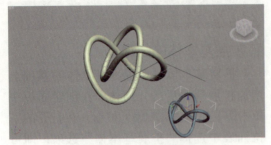

图2-44　环形结模型

（3）切角长方体：用于制作边缘有倒角的长方体，倒角可以使对象更圆滑、真实，如桌面、方柱等造型，如图2-45所示。

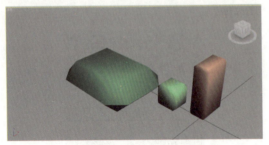

图2-45　切角长方体模型

（4）切角圆柱体：用于制作边缘有倒角的柱体，如坐垫、塞子等造型，如图2-46所示。

图2-46　切角圆柱体模型

（5）油罐：用于制作带有球体凸出顶部的柱体，如油桶等造型，如图2-47所示。

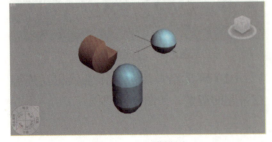

图2-47　油罐模型

（6）胶囊：用于制作两端带有半球的圆柱体，与胶囊形态相近，如图2-48所示。

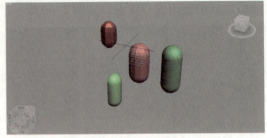

图2-48　胶囊模型

（7）纺锤：用于制作两端圆锥尖顶的柱体，如纺锤等造型，如图2-49所示。

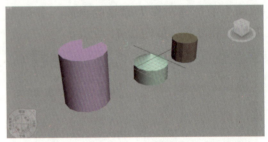

图2-49　纺锤模型

（8）L-Ext：用于制作L形夹角的立体墙造型，如图2-50所示。

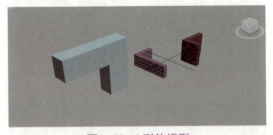

图2-50　L形体模型

（9）球棱柱：用于制作具有不规则边缘的特殊棱柱，一般用于动画制作中，如图2-51所示。

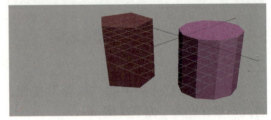

图2-51　球棱柱模型

（10）C-Ext：用于制作 C 形夹角的立体墙造型，如图 2-52 所示。

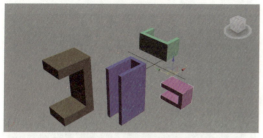

图2-52　C形体模型

（11）环形波：用于创建不规则内部边和外部边的环形，一般用于动画制作中，如图 2-53 所示。

图2-53　环形波模型

（12）棱柱：用于制作等腰不等边的三棱柱造型，如图 2-54 所示。

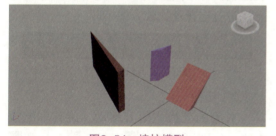

图2-54　棱柱模型

（13）软管：用于制作一种可以连续在两个对象之间的可变形物体，一般用于动画制作中，如图 2-55 所示。

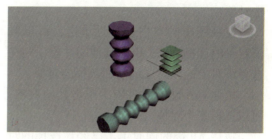

图2-55　软管模型

2. 对象的基本操作

要熟练掌握 3ds Max 的使用方法，必须先掌握有关对象的基本操作。下面主要介绍对象的选择、变换、复制及成组等的相关操作，这些都是学好 3ds Max 的基本知识。

1）选择

在 3ds Max 中，所有的操作都是建立在选择的基础上的，选择对象是进行一切操作的前提，如果要对一个或多个对象进行编辑修改，则必须先满足一个条件——使对象处于选择状态。选择的方法有多种，运用合理有效的方法可以大大节省操作时间，提高工作效率。

（1）使用选择按钮。

在 3ds Max 2017 中文版的工具栏中，有 8 种具有选择功能的按钮，除 按钮之外，其余的工具按钮都具有多重功能。如图 2-56 所示的是工具栏中具有选择功能的按钮。

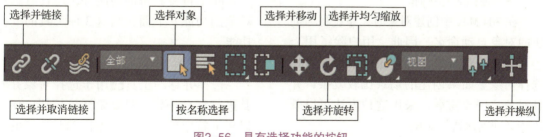

图2-56　具有选择功能的按钮

在视图中创建了对象之后，激活工具栏中任意一个具有选择功能的按钮，都可以通过单击鼠标来选择对象或拖曳鼠标框选对象。

在视图中的空白位置处单击，可以取消对象的选择状态；单击其他的对象，则在选择该对象的同时取消前面选择的对象。

按住 Ctrl 键的同时依次单击其他对象，可以选择多个对象。

按住 Alt 键的同时单击已经被选择的对象，可以取消其选择状态。

（2）区域选择。

区域选择对象是使用鼠标拖曳出一个虚线框，根据虚线框所围成的选择区域来选择对象的一种方法。具体操作方法如下。

①单击工具栏中的 ![按钮] 按钮，在视图中拖曳鼠标来建立选择区域。

②单击工具栏中的 ![按钮] 按钮，在视图中的空白位置处拖曳鼠标，可以建立矩形选择区域；单击 ![按钮] 按钮，在视图中的空白位置处拖曳鼠标，可以建立圆形选择区域；单击 ![按钮] 按钮，在视图中多次单击，可以建立任意形状的多边形选择区域；单击 ![按钮] 按钮，在视图中拖曳鼠标，可以建立任意形状的曲线选择区域；单击 ![按钮] 按钮，可以通过随意拖曳鼠标来选择多个对象。

③按住 Ctrl 键的同时继续框选对象，可以增加选择对象；按住 Alt 键的同时继续框选对象，可以将被选择的对象从选择集中删除。

（3）根据名称选择。

在 3ds Max 中创建对象时，系统将为创建的对象自动命名，因此，用户除了用上述两种方法选择对象外，还可以根据名称选择对象。如果创建的场景比较复杂，并且对象之间有重叠，采用这种方法可以既快捷又准确地选择对象。

单击工具栏中的 ![按钮] 按钮，或者按下 H 键，将弹出"从场景选择"对话框，如图 2-57 所示，通过该对话框可以根据名称选择对象。

图2-57 "从场景选择"对话框

（4）过滤选择。

当场景中包含了几何体、灯光、图形、摄影机（相机）等多种类型的对象时，可以通过 3ds Max 2017 中文版的过滤功能来选择对象。使用过滤功能可以进一步缩小选择范围，使操作更容易实现。例如，在复杂的场景中只想选择某一盏灯光，可以单击工具栏中的选择过滤器，在其中选择"灯光"选项即可，如图 2-58 所示，这样就过滤掉了其他对象，再使用前面介绍的方法进行选择就比较方便了。

图2-58 选择过滤器

2）变换

对象的变换主要有移动、旋转和缩放 3 种，分别可以通过 ![工具]工具、![工具]工具和![工具]工具实现。通过前面的学习可知，这 3 个工具除了自身具备的功能外，还具有选择对象的功能。下面介绍这 3 种工具的变换功能。

（1）选择并移动工具。

选择并移动工具![图标]用于选择对象并对其进行移动操作。只要激活该按钮，便可以根据特定的坐标系与坐标轴对选择的对象进行移动操作。操作时，要注意当前坐标轴的选择，当前坐标轴显示为黄色，如图 2-59 所示的 X 轴便是当前坐标轴。

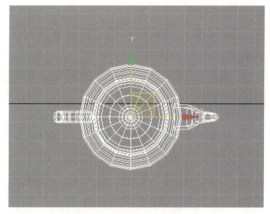

图2-59 当前坐标轴

选择某个对象后，在 按钮上右击，将弹出"移动变换输入"对话框，在该对话框中输入数值后，可以精确地移动对象的位置，如图2-60所示。

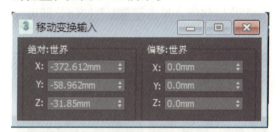

图2-60 "移动变换输入"对话框

（2）选择并旋转工具。

选择并旋转工具 用于选择对象并对其进行旋转操作，其用法与 工具相同。使用 工具进行旋转操作时要注意坐标轴的识别，红色代表X轴、绿色代表Y轴、蓝色代表Z轴，黄色代表被锁定的轴。如图2-61所示为对象在旋转过程中的状态。

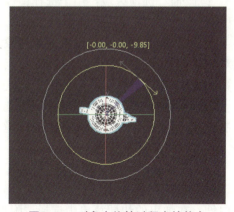

图2-61 对象在旋转过程中的状态

选择了某个对象后，激活 按钮并在该按钮上右击，将弹出"旋转变换输入"对话框，在该对话框中输入数值后，可以精确地旋转对象，如图2-62所示。

图2-62 "旋转变换输入"对话框

（3）选择并均匀缩放工具。

选择并均匀缩放工具除了选择并均匀缩放外，单击 按钮并按住鼠标左键不放，还可以发现有两个隐藏按钮——选择并非均匀缩放工具 和选择并挤压工具 ，创建造型时，使用它们可以对造型进行缩放操作。

①选择并均匀缩放工具 ：在3个轴向（X、Y、Z）上进行等比例缩放，只改变对象的体积，不改变其形态。

②选择并非均匀缩放工具 ：在指定的坐标轴上进行不等比缩放，其体积与形态都会发生变化。

③选择并挤压工具 ：在指定的坐标轴上做挤压变形，保持原体积不变而形态发生变化。

上述3个缩放工具与其他变换工具的功能相同，通过在该按钮上右击，在弹出的"缩放变换输入"对话框中输入数值，可以精确地缩放对象，如图2-63所示。

图2-63 "缩放变换输入"对话框

3）复制

复制对象是指将选择的对象制作出精

确的复制品，这是建模工作中的一项重要内容。复制对象的方法很多，如可以利用快捷键复制对象，也可以利用工具栏中的工具按钮复制对象，如镜像工具、空间工具、快照工具和阵列工具等，这几种工具既是变换工具，也是复制工具，使用频率非常高，添加这些工具的方法是，右击工具栏空白处，在弹出的对话框中选择要添加的工具即可。

（1）变换复制。

移动工具、旋转工具和缩放工具除了可以进行变换操作外，还可以配合 Shift 键进行复制操作。首先选择一个对象，然后按住 Shift 键将其沿某个坐标轴进行变换（移动、旋转、缩放），将弹出如图 2-64 所示的"克隆选项"对话框，在该对话框中设置复制的方式、数量及名称后单击 确定 按钮，即可完成变换复制。

图2-64 "克隆选项"对话框

"复制"单选按钮：选中该单选按钮后，将以所选对象为母本，建立一些互不相关的复制品。

"实例"单选按钮：选中该单选按钮后，将以所选对象为母本，建立一些相互关联的复制品，改变其中一个对象时，其他的对象也会随之发生变化。

"参考"单选按钮：选中该单选按钮后，将以所选对象为母本，建立单向的关联复制品，即改变母本对象时，复制的对象也随之变化，但是改变复制对象时，则不会影响母本对象。

"副本数"微调框：用于设置复制对象的数量。

"名称"文本框：用于设置复制出的新对象的名称。

（2）镜像复制。

镜像工具按钮 位于主工具栏中，用于建立一个或多个对象的镜像，既可以在镜像对象的同时复制，也可以只镜像不复制，并且可以沿不同的坐标轴进行偏移镜像。

在进行镜像操作时，首先要选择对象，然后单击工具栏中的 按钮，将弹出"镜像：屏幕 坐标"对话框，如图 2-65 所示。在该对话框中可以设置镜像轴、镜像方式及偏移值，单击 确定 按钮，即可完成镜像操作。

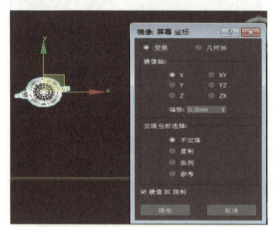

图2-65 "镜像：屏幕 坐标"对话框

"镜像轴"选项区域：用于选择镜像的对称轴。

"偏移"微调框：用于设置镜像对象与原对象之间的距离，该距离通过轴心点来计算。

"克隆当前选择"选项区域：用于选择复制方式，除了可以将所选对象进行镜像外，还可以将其镜像复制。

（3）阵列复制。

在进行阵列操作前，首先右击工具栏空白处，在弹出的快捷菜单中选择"附加选项，单击■按钮右下角处不放，可弹出阵列工具、快照工具、间隔工具和克隆并对齐工具等，如图2-66所示。

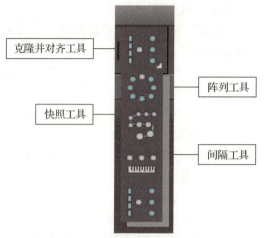

图2-66 "附加"工具栏

①阵列工具■：用于产生一维、二维和三维的阵列复制。在使用该工具时，需要先选择对象，然后单击■按钮，这时将弹出"阵列"对话框，如图2-67所示。在该对话框中可以设置阵列的轴向、数量、类型等，单击 确定 按钮，即可阵列复制所选对象。

图2-67 "阵列"对话框

②快照工具■：用于将特定帧中的对象以当前的状态克隆出一个新的对象，一般在动画制作中使用。在使用该工具时，同样需要先选择对象，然后单击■按钮，这时将弹出"快照"对话框，如图2-68所示，根据需要设置好参数后单击"确定"按钮即可。

③间隔工具■：用于在一条曲线路径上将所选对象进行复制，可以整齐均匀地进行排列，也可以设置其间距。在使用该工具时，要先选择对象，然后单击■按钮，这时将弹出"间隔工具"对话框，如图2-69所示。单击对话框中的 拾取路径 按钮，在视图中拾取路径，可以沿路径进行复制；单击对话框中的 拾取点 按钮，可以在视图中指定的两点之间进行复制。

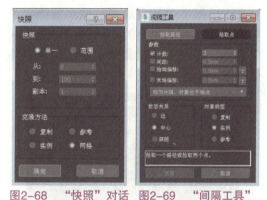

图2-68 "快照"对话框　　图2-69 "间隔工具"对话框

④克隆并对齐工具■：使用该工具可以将当前所选对象分布在目标对象上。在使用该工具时，首先要选择对象，然后单击■按钮，将弹出"克隆并对齐"对话框，如图2-70所示。在该对话框中单击 拾取 按钮，指定目标对象，然后设置相关参数单击"应用"按钮即可。

图2-70 "克隆并对齐"对话框

4）隐藏、显示与冻结

在效果图制作过程中，为了便于观察与操作，经常需要对场景中的对象进行显示、隐藏与冻结操作。要隐藏、显示或冻结对象，可以通过以下两种方法实现——快捷菜单和显示命令面板。

（1）快捷菜单。

在视图中选择要隐藏、显示或冻结的对象并右击，从弹出的快捷菜单中选择相应命令，即可完成对象的显示、隐藏与冻结操作，如图2-71所示。

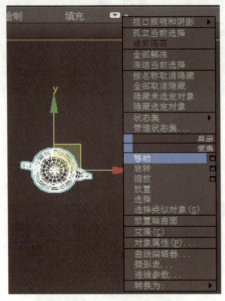

图2-71　快捷菜单

（2）显示命令面板。

显示命令面板主要用于控制场景中各种对象的显示情况。通过显示、隐藏、冻结等控制可以更好地完成动画、效果图的制作，加快画面的显示速度。显示命令面板如图2-72所示。

图2-72　显示命令面板

"显示颜色"卷展栏：用于设置视图中对象及线框的显示颜色。

"按类别隐藏"卷展栏：用于设置视图中对象的隐藏类型。

"隐藏"卷展栏：用于隐藏对象，从而加快显示速度。

"冻结"卷展栏：用于冻结视图中的对象，以避免发生误操作。

"显示属性"卷展栏：用于控制所选对象的显示属性。

"链接显示"卷展栏：用于控制层级链接的显示情况。

5）对齐与捕捉

在效果图的建模过程中，为了确保位置的精确性，经常要使用对齐与捕捉功能。

（1）对齐。

对齐就是通过移动被选择的对象，使它与指定对象自动对齐。先选择要对齐的对象，单击工具栏中的 按钮，然后在视图中选择对齐的目标对象，将弹出"对齐当前选择"对话框，如图2-73所示。在该对话框中可以设置对齐的位置、方向与匹配比例等。

图2-73　"对齐当前选择"对话框

"对齐位置"选项区域：用于指定对齐的方式，包括对齐位置的坐标轴、当前对象与目标对象的设置。

"对齐方向（局部）"选项区域：用于指定对齐方向的坐标轴，根据对象自身坐标系统完成，可根据需要自由选择3个轴向。

"匹配比例"选项区域：将目标对象的缩放比例沿指定的坐标轴施加到当前的对象上。要求目标对象已经进行了缩放修改，系统会记录缩放的比例，将比例值应用到当前对象上。

（2）捕捉。

制作效果图时经常需要使用空间捕捉功能进行精确定位。3ds Max中提供了多种捕捉功能，最常用的捕捉功能是空间捕捉和角度捕捉。

①空间捕捉分为二维捕捉、2.5维捕捉和三维捕捉 3种形式。

二维捕捉：只捕捉当前栅格平面上的点、线等，适用于在绘制平面图时捕捉各坐标点。

2.5维捕捉：不但可以捕捉到当前平面上的点、线等，还可以捕捉到三维空间中的对象在当前平面上的投影，适用于描绘和勾勒三维对象轮廓。

三维捕捉：直接捕捉空间中的点、线等，为建筑模型安置门窗时经常使用该功能。

单击按钮打开捕捉功能后，在该按钮上右击，将弹出"栅格和捕捉设置"对话框，如图2-74所示，用户可以在"捕捉"选项卡中任意选择捕捉方式。

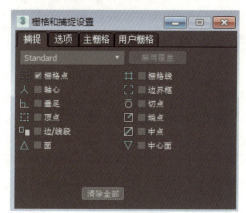

图2-74　"栅格和捕捉设置"对话框1

②角度捕捉主要用于精确旋转对象。使用它可以有效地控制旋转单位，默认情况下，对象旋转一下的转动角度为5°。在"角度捕捉"按钮上右击，会弹出"栅格和捕捉设置"对话框，如图2-75所示。在"选项"选项卡中可以修改转动的角度。

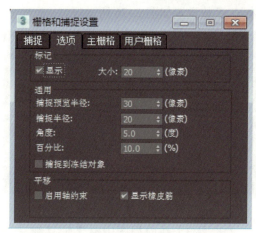

图2-75　"栅格和捕捉设置"对话框2

6）成组

组是由一个或几个独立的几何对象组成的可以合并与分离的集合，构成组的几何对象仍然具有各自的一些特性。组对多个对象进行相同的操作提供了一种理论基础，成组的所有对象可以视为一个物体，能够同时接受修改命令或制作动画等，这大大提高了操作的灵活性与易通性。

组是3ds Max 2017中的一个重要概念，将对象成组后可以进行统一的操作，成组不会对原对象做任何修改，也不会改变对象的自身特性。对象成组之后，单击组内的任意一个对象，都将选择整个组。

组的操作非常简单，主要通过"组"菜单来完成，包括成组、解组、打开、关闭、附加、分离等。

任务拓展

拓展1　制作儿童床

【步骤1】启动3ds Max 2017中文版，执行"自定义"→"单位设置"命令，在打开的"单位设置"对话框中将单位设置为"毫米"。

【步骤2】执行"创建"→"几何体"→"扩展基本体"→"切角长方体"命令，在顶视图中创建一个2000mm×1200mm×160mm×5mm的"切角长方体"，作为"床体"，参数设置如图2-76所示。

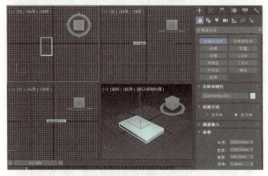

图2-76 创建的床体

【步骤3】在前视图中沿Y轴复制一个切角长方体，作为儿童床的"床垫"，将其移动到床体的上面，位置及参数设置如图2-77所示。

图2-77 创建的床垫

【步骤4】使用同样的方法再复制一个切角长方体，修改参数作为儿童床的"床头"，位置及参数设置如图2-78所示。

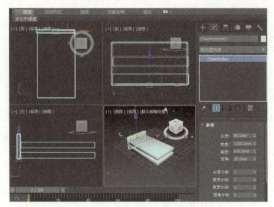

图2-78 创建的床头

【步骤5】执行"创建"→"几何体"→"扩展基本体"→"切角圆柱体"命令，在左视图中单击并拖曳鼠标创建一个切角圆柱体作为儿童床的"长靠枕"，参数及位置如图2-79所示。

图2-79 创建的长靠枕

【小技巧】

在制作一些局部模型时，如果需要体现一些细节，可以将重要的模型增加边数。如上面的长靠枕造型，将边数修改为30，这样制作出来的模型会更圆滑。

【步骤6】在顶视图中创建圆柱体，设置"半径"为25mm、"高度"为90mm，作为"床腿"，将创建的圆柱体复制一个，设置"半径"为26mm、高度为10mm，作为床腿的垫子，调整两个圆柱体的位置如图2-80所示。

图2-80　制作的床腿及垫子

【步骤7】激活顶视图,将制作的床腿及垫子实例复制3组,完成儿童床的制作,其效果如图2-81所示。

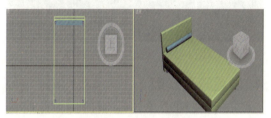

图2-81　儿童床效果

【步骤8】保存文件,并命名为"儿童床.max"。

拓展2　制作碗盘架

【步骤1】启动3ds Max 2017中文版,执行"自定义"→"单位设置"命令,在打开的"单位设置"对话框中将单位设置为"毫米"。

【步骤2】执行"创建"→"几何体"→"扩展基本体"→"切角长方体"命令,在顶视图中创建一个切角长方体,参数如图2-82所示。

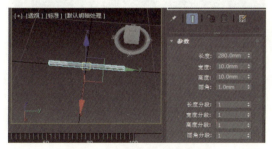

图2-82　切角长方体的参数

【小技巧】

取消选中"切角长方体"中的"平滑"复选框是为了让碗盘架体现出更好的结构,这样在渲染后会产生很真实的高光效果。

【步骤3】将"角度捕捉"设置为45°,在左视图中沿Z轴旋转一次,位置及效果如图2-83所示。

图2-83　旋转后的效果

【步骤4】在左视图中"镜像"一个"切角长方体",调整至合适的位置,然后在顶视图中复制多组,位置及效果如图2-84所示。

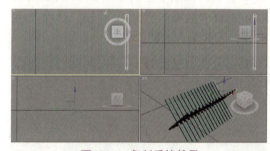

图2-84　复制后的效果

【步骤5】使用同样的方法制作出固定件,位置及效果如图2-85所示。

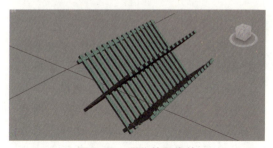

图2-85　制作的固定件

【步骤6】保存文件，并命名为"碗盘架.max"。

任务3　制作垃圾桶模型

任务分析

通过制作垃圾桶造型来学习线的绘制与编辑修改，以及配合"阵列"工具来制作相关的造型。

任务实施

制作垃圾桶模型

1. 设置长度参数单位

首先启动 3ds Max 2017 中文版，执行"自定义"→"单位设置"命令，在打开的"单位设置"对话框中将单位设置为"毫米"。

2. 绘制圆和曲线

激活顶视图，绘制"半径"为 350mm 的圆，设置"渲染"卷展栏下的"厚度"为 25，在前视图中绘制如图 2-86 所示的线形，设置"渲染"卷展栏下的"厚度"为 8mm，调整至合适的位置。

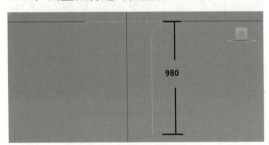

图2-86　绘制的圆和曲线

【小技巧】

在默认状态下，二维线形在渲染时是看不见的，必须选中"渲染"卷展栏下的"在渲染中启用"单选按钮，二维线形才可以在渲染时显示出来。调整"厚度"可改变线形的粗细，选中"在视口中启用"单选按钮，可以在视图中观察到渲染后的粗细。

3. 拾取模型

选中绘制的线形，在工具栏的"视图"下方选择"拾取"选项，如图 2-87 所示。

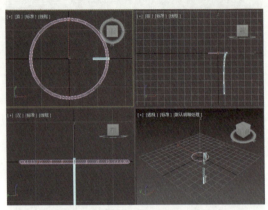

图2-87　选择"拾取"选项

4. 设置阵列参数

在顶视图中单击绘制的圆，此时的"视图"窗口即可变为 Circle01 的坐标窗口了，然后单击 下的 按钮，如图 2-88 所示。

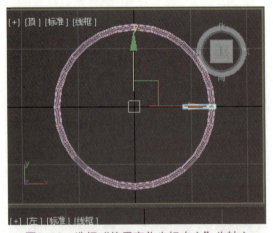

图2-88　选择"使用变化坐标中心"为轴心

5. 使用阵列复制

确认绘制的线形处于选中状态，执行菜单栏中的"工具"→"阵列"命令，在弹出的"阵列"对话框中设置参数，如图 2-89 所示。

图2-89 "阵列"对话框

设置完参数后单击 预览 按钮观看效果，再单击 确定 按钮，即可生成所需要的阵列效果。

【小技巧】

"阵列"工具可以让物体沿指定的轴心进行环形复制，熟练运用此工具，可以快速进行环形建模。

6. 创建管状体

在顶视图中，阵列后的线框内部创建一个管状体，参数和位置如图2-90所示。

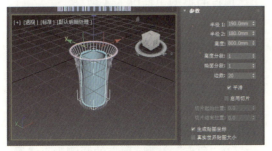

图2-90 创建的管状体

7. 制作底座

在前视图中，沿 Y 轴向下复制一个管状体，修改其参数，设置"半径1"为312mm、"半径2"为50mm、"高度"为15mm，作为垃圾桶的"底座"。

8. 渲染模型

在顶视图中绘制"半径"为262mm的圆，修改其可渲染的"厚度"为10mm，然后将其复制并调整至合适的位置，效果如图2-91所示。

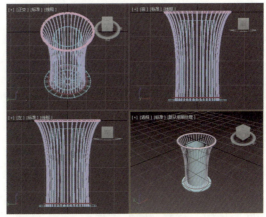

图2-91 垃圾桶最终效果

9. 保存文件

单击"保存"按钮，将此造型保存为"垃圾桶模型.max"。

必备知识

1. 二维图形的创建

在任务2中，讲述了扩展基本体的创建和参数的修改，但是在制作效果图时，经常会遇到更为复杂的造型，所以仅使用标准基本体和扩展基本体往往无法完全满足制作效果图的需要。

二维图形在效果图的建模中起着非常重要的作用，通常建立的三维模型是先创建二维线形，再添加相应的修改器来完成的，这是效果图制作过程中使用频率最多的一种方法。一般通过"创建"面板中的"图形"按钮来创建二维图形，"图形"面板如图2-92所示。

图2-92 "图形"面板

（1）线。在"创建"面板中单击"图形"按钮，然后单击"图形"面板中的"线"按钮，即可打开"线"面板。

（2）矩形。在"创建"面板中单击"图形"按钮，然后单击"图形"面板中的"矩形"按钮，打开"矩形"面板。

小提示：按住 Ctrl 键的同时拖动鼠标可以创建正方形。

（3）圆。在"创建"面板中单击"图形"按钮，然后单击"图形"面板中的"圆"按钮，打开"圆"面板。

（4）椭圆。在"创建"面板中单击"图形"按钮，然后单击"图形"面板中的"椭圆"按钮，打开"椭圆"面板。

（5）弧。在"创建"面板中单击"图形"按钮，然后单击"图形"面板中的"弧"按钮，打开"弧"面板。可以使用"弧"工具制作各种圆弧曲线和扇形。

（6）圆环。在"创建"面板中单击"图形"按钮，然后单击"图形"面板中的"圆环"按钮，打开"圆环"面板。

（7）多边形。在"创建"面板中单击"图形"按钮，然后单击"图形"面板中的"多边形"按钮，打开"多边形"面板。使用"多边形"工具可创建具有任意面数或顶点数（N）的闭合平面或圆形样条曲线。

（8）星形。在"创建"面板中单击"图形"按钮，然后单击"图形"面板中的"星形"按钮，打开"星形"面板。星形是一种实用性很强的二维图形。在现实生活中可以看到很多横截面为星形的物体。通过调整星形的参数选项，可以创建出形状各异的星形图形。

（9）文本。在"创建"面板中单击"图形"按钮，然后单击"图形"面板中的"文本"按钮，打开"文本"面板。利用"文本"工具创建各种文本效果。

（10）螺旋线。在"创建"面板中单击"图形"按钮，然后单击"图形"面板中的"螺旋线"按钮，打开"螺旋线"面板。螺旋线是一种立体的二维模型，实际应用比较广泛，常常通过对其进行放样造型，创建螺旋形的楼梯、螺丝等。

2. 编辑二维图形

若已有的二维图形不能满足需要，可以在已有二维图形的基础上进行修改，通过修改得到所需要的图形，再进一步建模。

1）编辑"顶点"

对顶点的编辑主要包括改变顶点类型、打断节点、连接节点、插入节点、焊接节点和删除节点等操作。下面分别说明对节点进行编辑的方法。

（1）移动顶点。

①单击"选择"卷展栏中的"顶点"按钮，激活"顶点"编辑状态。

②选择工具栏中的"选择并移动"工具，然后单击任何一个顶点并拖动，即可改变该顶点的位置。

（2）改变顶点的类型。

顶点的类型包括以下 4 种。

①"Bezier 角点"类型：贝济埃角点，提供控制柄，并允许两侧的线段成任意的角度。

②"Bezier"类型：贝济埃，由于 Bezier 曲线的特点是通过多边形控制曲线的，因此它提供了该点的切线控制柄，可以用它调整曲线。

③"角点"类型：顶点的两侧为直线段，允许顶点两侧的线段为任意角度。

④"平滑"类型：顶点的两侧为平滑连接的曲线线段。

（3）创建线。

"创建线"功能可以在场景中进行新的曲线绘制操作，操作完成后，创建的新曲线会与当前编辑的对象组合。

①单击"选择"卷展栏中的"顶点"按钮，激活"顶点"编辑状态。

②单击"创建线"按钮，在顶视图中从左到右创建一条线，右击结束创建，如图 2-93 所示。

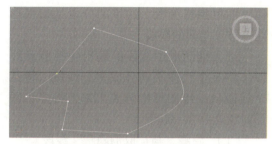

图2-93 创建线

（4）创建点。

通过"优化"命令，可以在样条线上添加新顶点，而不更改样条线的曲率值。

①单击"选择"卷展栏中的"顶点"按钮，激活"顶点"编辑状态。

②单击"优化"按钮，在样条线上单击，则在相应的位置添加了一个新顶点。

（5）打断节点。

"打断"功能可以在某个节点处将样条曲线断开。选定节点处生成了两个互相重叠的节点，使用该命令可以将它们移开。

①单击"选择"卷展栏中的"顶点"按钮，激活"顶点"编辑状态。

②选择星形上面的节点，单击"断开"按钮，则星形从该点断开。

③利用移动工具，将两个互相重叠的节点分开，如图2-94所示。

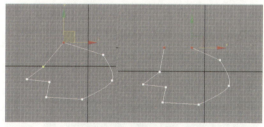

图2-94 打断节点

（6）连接节点。

"连接"功能可以在不封闭的样条曲线中使节点与节点之间创建一条连线。

①单击"选择"卷展栏中的"顶点"按钮，激活"顶点"编辑状态。

②单击"连接"按钮，在顶视图中从右边端点到上面端点创建一条线，右击结束创建，如图2-95所示。

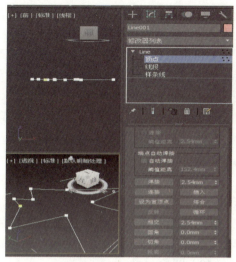

图2-95 连接节点

③关闭"连接"按钮。

（7）插入节点。

"插入"功能可以在视图中样条曲线的任意位置插入一个贝济埃角点类型的节点。

①单击"选择"卷展栏中的"顶点"按钮，激活"顶点"编辑状态。

②单击"插入"按钮，在顶视图中的线上任意位置单击，即可创建新节点。

③在曲线上反复单击，可插入多个节点，右击结束插入操作。

④单击"插入"按钮。

（8）焊接节点。

"焊接"功能可将处于焊接阈值内的两端点或同一样条曲线上的中间节点合并成一个节点。

①单击"选择"卷展栏中的"顶点"按钮，激活"顶点"编辑状态。

②利用移动工具移动节点，如图2-96所示。

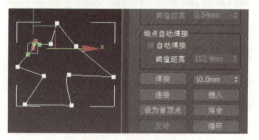

图2-96 移动节点

③在修改面板中"焊接"按钮右边的微调框中，设置焊接阈值为10mm。

④利用选择工具选择要焊接的两个节点，单击"焊接"按钮，则两个靠近的节点焊接在一起成为一个节点。

（9）删除节点。

利用"删除"功能，可以删除不需要的和多余的节点。

①单击"选择"卷展栏中的"顶点"按钮，激活"顶点"编辑状态。

②利用选择工具，选择任意一个节点，单击"删除"按钮。

（10）圆角。

利用"圆角"功能，可以将顶点调整为圆角效果。

①单击"选择"卷展栏中的"顶点"按钮，激活"顶点"编辑状态。

②利用选择工具，选择任意一个节点，单击"圆角"按钮。

③将鼠标移动到需要创建圆角的节点上，按下鼠标并拖曳。

④得到合适的圆角后，释放鼠标。

⑤利用选择工具，选择另一个节点，单击"圆角"按钮。

⑥设置"圆角"按钮旁边微调框中的值，观察圆角变化，如图2-97所示。

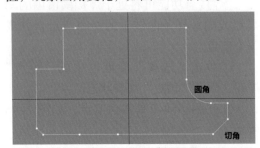

图2-97 圆角和切角

（11）切角。

利用"切角"功能，可以将顶点调整为切角效果。其操作与圆角方法相同，效果如图2-97所示。

2）编辑"分段"

单击"选择"卷展栏中的"分段"按钮，即可编辑分段。这里的分段是指图形两个节点之间的线段。

对二维图形中线段的编辑包括删除线段、将某个线段平均分成多个线段、将某个线段从二维图形中分离出来、将多个图形对象合并在一起等。

（1）"隐藏"与"取消隐藏"线段。

①在顶视图中创建一个星形图形，在"修改"面板中选择"编辑样条线"命令，进入修改参数面板。

②单击"选择"卷展栏中的"分段"按钮，激活"分段"编辑状态。

③利用选择工具，选择任意一个分段或按住Ctrl键选取多个分段，单击"隐藏"按钮，观察分段的变化。

④单击"全部取消隐藏"按钮，观察分段的变化。

（2）"删除"线段。

①在顶视图中创建一个矩形图形，在"修改"面板中选择"编辑样条线"命令，进入修改参数面板。

②单击"选择"卷展栏中的"分段"按钮，激活"分段"编辑状态。

③利用选择工具，选择任意一个分段或按住Ctrl键选取多个分段，单击"删除"按钮，或者按Delete键进行删除，如图2-98所示，观察分段的变化。

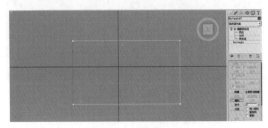

图2-98 删除线段

（3）"拆分"线段。

"拆分"功能可以将选中的线段进行等分。

①在顶视图中创建一个圆形，在"修改"面板中选择"编辑样条线"命令，进入修改参数面板。

②单击"选择"卷展栏中的"分段"按钮,激活"分段"编辑状态。

③利用选择工具,选择任意一个分段,在"拆分"按钮旁边的微调框中输入"3",如图2-99所示,观察分段的变化。

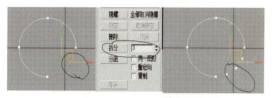

图2-99 拆分线段

任务拓展

拓展:制作圆凳

【步骤1】启动3ds Max 2017中文版,执行"自定义"→"单位设置"命令,在打开的"单位设置"对话框中将单位设置为"毫米"。

【步骤2】执行"创建"→"几何体"→"扩展基本体"→"切角圆柱体"命令,在顶视图中创建一个切角圆柱体,作为"凳座",参数设置如图2-100所示。

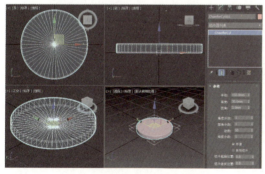

图2-100 凳座的参数设置

【步骤3】执行"创建"→"图形"→"圆"命令,在顶视图中创建一个"半径"为150mm的圆,设置"渲染"卷展栏中的参数,并调整圆的位置如图2-101所示。

【步骤4】在前视图中沿Y轴向下复制一个圆,设置"半径"为180mm,两个"圆"的距离约为450mm,即为圆凳的高度,位置如图2-102所示。

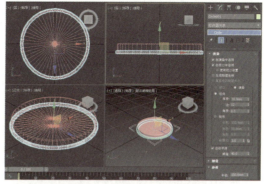

图2-101 圆位置及参数设置

图2-102 复制后圆的位置

【步骤5】执行"创建"→"图形"→"线"命令,在前视图中绘制一条线,进入"修改"面板,设置"渲染"卷展栏中的参数,效果如图2-103所示。

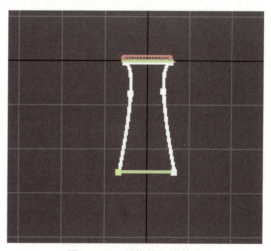

图2-103 制作的折线效果

【小技巧】

在绘制线形时,按住Shift键可以绘制水平或垂直的直线。

【步骤6】按下键盘中的 1 键，进入"顶点"子对象层级，选择下面 4 个顶点，对它们执行约 20mm 的圆角设置，如图 2-104 所示。

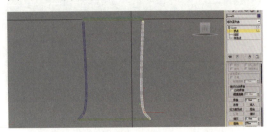

图2-104 对顶点进行"圆角"设置

【步骤7】单击工具栏中的"选择并旋转"按钮，按下 A 键，启用"角度捕捉"，在顶视图中按住 Shift 键沿 Z 轴旋转 45°，旋转复制一个线形，如图 2-105 所示。

图2-105 旋转复制

【步骤8】修改调整圆凳各部分的位置，最终效果如图 2-106 所示。

图2-106 圆凳最终效果

【步骤9】保存文件，并命名为"圆凳.max"。

项目总结

在本项目中，主要学习了一些三维基础建模技术，即标准基本体、扩展基本体、二维图形绘制，同时还为大家介绍了对象的基本操作，如选择、变换、复制、阵列、对齐、捕捉、旋转等。这些内容都是效果图制作的基础，通过对象的合理组合、修改等操作，可以制作出一些常用的三维造型。

在任务和任务拓展环节，实例的选择，重点体现了对本项目知识点的运用。希望读者通过任务实例的学习，能够做到举一反三，尽可能地运用本项目知识点多做一些建模练习，掌握建模技术的方法与技巧，为后续知识学习奠定基础。

项目评价

在本项目中，学习了运用 3ds Max 基本标准体创建 3D 模型，通过对本项目内容的学习，下面给自己做个评价吧。

	很满意	满意	还可以	不满意
任务完成情况				
与同组成员沟通及协调情况				
知识掌握情况				
体会与经验				

项目 2 3ds Max 2017 基础建模

实战强化

根据所学的知识,制作一个"三缺一"桌子,如图 2-107 所示。

图2-107 "三缺一"桌子效果

项目 3

3ds Max 2017 高级建模

- 制作书架
- 制作果盘
- 制作办公椅
- 制作时尚艺术凳
- 制作牵牛花
- 制作高跟鞋

在前面的内容中，学习了标准基本体、扩展基本体、二维线形的绘制和修改，但这些只能制作简单的三维模型，要想制作复杂的三维模型，则需要添加适当的修改器，这些修改器有"挤出""车削""倒角""弯曲"等功能。利用这些修改器，基本可以满足室内外效果图的制作要求。但是对于一些更为复杂的建筑模型，还会涉及一些比较高级的建模方法，如放样建模、布尔运算建模和多边形建模。其中，放样建模与布尔运算建模属于复合建模技术，用于制作一些不规则的造型；多边形建模是基于修改命令来完成的。

任务1　制作书架

任务分析

本实例主要使用"线"绘制截面的方法，通过添加"挤出"修改器得到书架的组成部分，制作出书架造型。

任务实施

制作书架

1. 设置单位

首先启动3ds Max 2017中文版，执行"自定义"→"单位设置"命令，在打开的"单位设置"对话框中将单位设置为"毫米"。

2. 绘制书橱外框

执行"创建"→"图形"→"线"命令，在顶视图中绘制书橱外框的截面，为其添加"挤出"修改器，设置挤出的"数量"为2560，如图3-1所示。

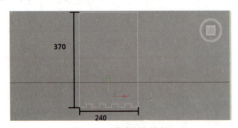

图3-1　书橱的外框

【小技巧】

为了得到好的表现质感，在绘制截面时可以选择前面所有的直角顶点，为其进行倒角。线段的长度可以通过坐标查看，也可以在旁边添加一个长方体模型，修改其长度做比对。

3. 复制书橱外框

将制作的外框在顶视图中沿X轴复制两个，距离可以通过提前绘制矩形进行参照，如图3-2所示。

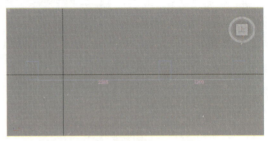

图3-2　复制的书橱外框

4. 制作水平搁板

在左视图中使用"线"工具绘制如图3-3所示的线形，并执行"挤出"修改命令，设置挤出"数量"为3800，作为书橱的搁板。在前视图中沿Y轴复制几个，完成水平搁板的制作。

图3-3　水平搁板

5. 制作书橱顶端

再复制一个书橱搁板到顶部，进入"顶点"子层级调整界面的形态，作为书橱的顶端，如图3-4所示。

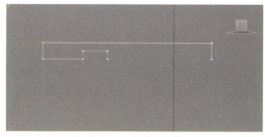

图3-4 书橱顶端

6. 制作书橱立板

在前视图中绘制"长度"为2350mm、"宽度"为35mm的矩形,为其添加"挤出"修改器,设置挤出"数量"为300,然后沿 X 轴按照间隔相等的距离进行复制,具体效果如图3-5所示。

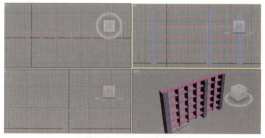

图3-5 书橱的立板

7. 制作书橱背板和底板

再绘制两个矩形,执行"挤出"修改命令,制作出书橱的背板和底板,设置书橱背板"长度"为2500mm、"宽度"为3800mm,挤出的"数量"为35;设置书橱底板"长度"为80mm、"宽度"为3730mm,挤出的"数量"为310。调整到合适的位置,如图3-6所示。

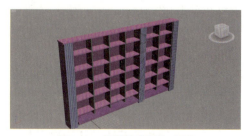

图3-6 书橱的背板和底板

8. 保存文件

单击"保存"按钮,将此造型保存为"书架.max"。

必备知识

1. "编辑样条线"命令

"编辑样条线"命令是一种非常重要的二维修改命令,主要用于调整所绘制的二维曲线。在图形创建命令面板中除了"线"以外,其他类型的二维图形均是不可编辑样条曲线的,如果要改变它们的外形,就需要将其转换为可编辑样条线。具体方法有以下两种。

①选择绘制的二维图形,单击 按钮,进入修改命令面板,在"修改器列表"中选择"编辑样条线"命令。

②选择绘制的二维图形并右击,从弹出的快捷菜单中选择"转换为"→"转换为可编辑样条线"命令,将其转换为可编辑样条曲线,这种方法更快捷有效。

"编辑样条线"命令共有3个子对象层级:顶点、分段、样条线。顶点、分段在项目2中已做介绍,下面只对样条线做简单介绍说明。

在"编辑样条线"面板中,单击"样条线"按钮,即可进入样条线编辑状态。在该状态中,可以进行如下操作。

(1)附加。将场景中的另一个样条线附加到所选样条线上。选择要附加到当前选定的样条线对象的对象,要附加到的对象也必须是样条线。

单击"附加多个"按钮可以弹出"附加多个"对话框,该对话框中包含场景中的所有其他形状的列表。选择要附加到当前可编辑样条线的形状,然后单击"附加"按钮。

(2)炸开组。该命令可将所选样条曲线"炸开",使样条曲线的每一线段都变为当前二维图形中的一条样条曲线。

(3)反转。该命令可将所选的样条曲线首尾反向。对于不封闭的样条曲线来说,起点和终点将互换。

> 【小技巧】
> 如果选中"选择"卷展栏中的"显示顶点编号"复选框，再单击"反转"按钮，很容易看出它的作用。

（4）关闭。选择一条不封闭的样条曲线，单击"关闭"按钮，即可从样条曲线的起点到终点画一条线，将样条曲线封闭。此命令只适用于开放的曲线。

（5）轮廓。该命令可以产生封闭样条曲线的同心副本。

①在顶视图中创建一个圆形，在"修改"面板中选择"编辑样条线"命令，进入到修改参数面板。

②单击"选择"卷展栏中的"样条线"按钮，激活"样条线"编辑状态。

③利用选择工具，选择样条线，在"修改"面板中单击"轮廓"按钮。

④用鼠标指针指向视图中的样条曲线，当指针变为十字轮廓状时，上下拖动鼠标将产生样条曲线的同中心副本，如图3-7所示（也可以在"轮廓"按钮旁的文本框中直接输入数值来创建轮廓线）。

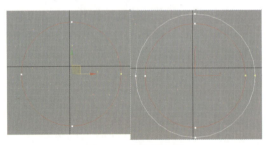

图3-7　生成轮廓线

（6）镜像。该命令与主工具栏中的"镜像"按钮类似，前面已做介绍，此处不再重复。

2."挤出"命令

"挤出"命令是将一个二维曲线图形增加厚度，挤压成三维实体。这是一个非常实用的建模方法，使用该命令生成的模型可以输出为面片和网格物体。该命令的使用方法非常简单，首先在视图中选择一个二维线形，然后进入修改命令面板，在"修改器列表"中选择"挤出"命令即可。如图3-8所示为对二维图形进行挤出前、后的形态对比。

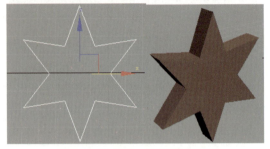

图3-8　挤出前、后的形态对比

"挤出"命令的"参数"卷展栏如图3-9所示。

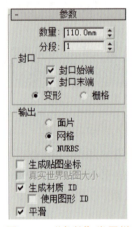

图3-9　"参数"卷展栏

"参数"卷展栏中的主要参数功能如下。

（1）"数量"微调框：用于设置二维图形被挤出的厚度。

（2）"分段"微调框：用于设置挤出厚度上的片段划分数。

（3）"封口"选项区域：该选项区域中有4个选项。其中"封口始端"和"封口末端"两个复选框用于设置是否在顶端或底端加面覆盖物体，系统默认为选中状态；选中"变形"单选按钮，表示将挤出的造型用于变形动画的制作；选中"栅格"单选按钮，表示将挤出的造型输出为网格模型。

(4)"输出"选项区域:用于设置挤出生成的物体的输出类型。

(5)"平滑"复选框:选中该复选框后,将自动光滑挤出生成的物体。

任务拓展

制作项链

【步骤1】启动 3ds Max 2017 中文版,执行"自定义"→"单位设置"命令,在打开的"单位设置"对话框中将单位设置为"毫米"。

【步骤2】利用二维图形工具,在前视图中创建一个矩形、圆形和星形,并利用旋转、对齐和移动工具调整图形的位置,如图 3-10 所示。

图3-10 创建的各图形

【步骤3】选择矩形,添加"编辑样条线"修改器。

【步骤4】在"编辑样条线"参数面板中单击"附加"按钮,将圆形和星形附加到矩形中。

【步骤5】单击"样条线"按钮,进入子对象,选择"矩形"样条线。

【步骤6】单击"差集"按钮,再单击"布尔"按钮,选择"圆形"样条线,效果如图 3-11 所示。

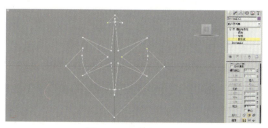

图3-11 布尔差集

【步骤7】选择"星形"样条线,单击"并集"按钮,再单击"布尔"按钮,选择另外两条样条线,效果如图 3-12 所示。

图3-12 布尔运算效果

【步骤8】单击"样条线"按钮,退出子对象选择。

【步骤9】单击"修改器列表"下三角按钮,在弹出的列表中选择"挤出"选项。

【步骤10】在"参数"卷展栏中,设置"数量"为3,项链坠模型完成,其效果如图 3-13 所示。

图3-13 项链坠效果

【步骤11】利用"线"命令,绘制项链,最终效果如图 3-14 所示。

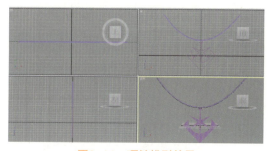

图3-14 项链模型效果

【步骤12】保存文件,并命名为"项链.max"。

任务2 制作果盘

任务分析

本实例主要通过熟练使用二维线形的运用及"渲染"下各项参数的功能,结合"车削""编辑网格"和"弯曲"修改器来制作果盘和苹果。

任务实施

制作果盘

1. 设置单位

首先启动 3ds Max 2017 中文版,执行"自定义"→"单位设置"命令,在打开的"单位设置"对话框中将单位设置为"毫米"。

2. 创建圆环

执行"创建"→"图形"→"圆"命令,在顶视图中绘制一个"半径"为 150mm 的圆,设置"渲染"参数,如图 3-15 所示。

图3-15 圆的位置及"渲染"参数

3. 调整位置

在前视图中沿 Y 轴复制 4 个圆,设置"半径",位置及效果如图 3-16 所示。

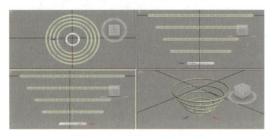

图3-16 圆的位置及效果

4. 绘制曲线

使用"线"命令在前视图中绘制一条曲线,形态及效果如图 3-17 所示。

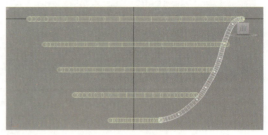

图3-17 绘制的线形

5. 阵列复制

使用"阵列"生成两个对象,然后在下面创建 3 个球体,效果如图 3-18 所示。

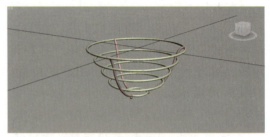

图3-18 阵列后的效果

6. 创建圆弧

在前视图中创建一个"半径"为 25mm 的圆,将其转换为可编辑样条线,并将其修改对象设为"顶点",然后选中左侧的顶点,按 Delete 键将其删除,如图 3-19 所示。

图3-19 删除圆形左侧顶点

7. 圆弧转换直线

将修改对象设为"线段"子对象,然后在前视图中选中左侧的弧线,在弧线上右击,在弹出的快捷菜单中选择"线"选项,将弧线转换成直线,如图 3-20 所示。

项目 3　3ds Max 2017 高级建模

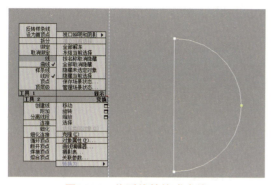

图3-20　将弧线转换成直线

8. 调整圆弧

将修改对象设为"顶点"子对象，然后在前视图中选中右侧的顶点，使用"选择并移动"工具将其向上移动，如图 3-21 所示。

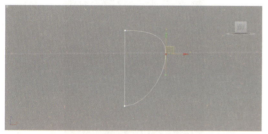

图3-21　向上移动右侧顶点

9. 继续调整圆弧

选中左上方的顶点，会出现黄色的控制柄，使用"选择并移动"工具拖动控制柄，调整右侧弧线的弧度，如图 3-22 所示。

图3-22　调整右侧弧线的弧度

10. 调整圆弧

按照步骤 9 的操作调整左下方顶点的控制柄，如图 3-23 所示。

图3-23　调整左下方顶点的控制柄

11. 添加"车削"修改器

为图形添加"车削"修改器，苹果的果体便创建好了，如图 3-24 所示。若对苹果的造型不满意，可以回到"可编辑样条线"的"顶点"子对象层级，修改顶点的位置。

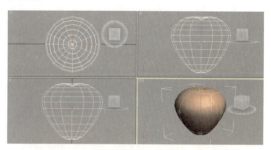

图3-24　为图形添加"车削"修改器

12. 创建苹果果柄

利用"创建"→"几何体"→"标准基本体"→"圆柱体"命令，在顶视图中创建一个圆柱体，并在"参数"卷展栏中将其"半径"设置为 2mm，"高度"设置为 50mm，"高度分段"设置为 3，然后为其添加"编辑网格"修改器，并进入"顶点"子层级，对其顶点进行编辑，得到苹果果柄，如图 3-25 所示。

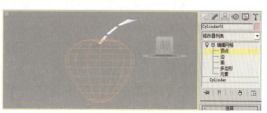

图3-25　创建苹果果柄

13. 为苹果果柄添加修改器

为苹果果柄添加"弯曲"修改器,并在"参数"卷展栏中将"角度"设置为30°,再为其添加"网格平滑"修改器,并保持默认参数不变,效果如图3-26所示。

图3-26 为苹果果柄添加修改器

14. 最终效果

根据果盘的大小,缩放苹果模型,同时再复制多个苹果,并调整苹果的位置、大小和摆放角度,效果如图3-27所示。

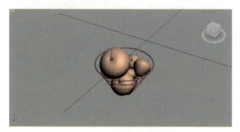

图3-27 果盘最终效果

15. 保存文件

单击"保存"按钮,将此造型保存为"果盘.max"。

必备知识

1. "车削"命令

"车削"修改器通过将二维线形沿某个轴向旋转而生成三维模型。它的原理类似制作陶瓷,通常利用它来制作花瓶、高脚杯、酒坛等造型。

使用该命令时首先在视图中选择一条二维线形,然后进入修改命令面板,在"修改器列表"中选择"车削"命令即可。图3-28所示是对二维线形进行车削前、后的形态对比。

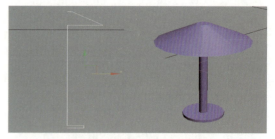

图3-28 车削前、后的形态对比

"车削"命令的"参数"卷展栏如图3-29所示。主要参数的作用如下。

图3-29 "参数"卷展栏

(1)"度数"微调框:用于控制对象旋转的角度,取值范围为0°~360°。

(2)"焊接内核"复选框:选中该复选框后,可以将旋转轴上重合的点进行焊接精减,以减少模型的复杂程度,获得结构简单、平滑无缝的三维对象。

(3)"翻转法线"复选框:选中该复选框后,可以将旋转物体表面的法线方向进行里外翻转,以此来解决法线换向的问题。

(4)"分段"微调框:用于设置旋转的分段数,默认值为16。段数越多,产生的旋转对象越圆滑。

（5）"方向"选项区域：用于设置旋转的轴向，分别为 X、Y、Z 轴。

（6）"对齐"选项区域：用于设置对象旋转轴心的位置，分别为"最小""中心""最大"。单击"最小"按钮，可以将旋转轴放置到二维图形的最左侧；单击"中心"按钮，可以将旋转轴放置到二维图形的中间位置；单击"最大"按钮，可以将旋转轴放置到二维图形的最右侧。

2. "网格平滑"修改器

"网格平滑"修改器用于平滑处理三维对象的边角，使边角变圆滑。"网格平滑"修改器的使用方法很简单，为三维对象添加该修改器后，在"修改"面板中设置其参数即可。图 3-30 所示的是为异面体添加"网格平滑"修改器前、后状态的对比。

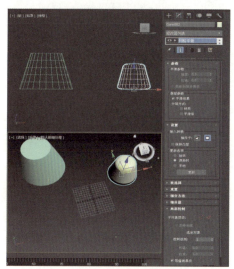

图 3-30 添加"网格平滑"修改器前、后状态的对比

"网格平滑"修改器各主要参数的作用如下。

（1）"细分方法"卷展栏：该卷展栏中的参数用于设置网络平滑的细分方式、应用对象和贴图坐标的类型。细分方式不同，平滑效果也有所区别。

（2）"细分量"卷展栏：该卷展栏中的参数用于设置网络平滑的效果。其中，"迭代次数"用来设置网格细分的次数；"平滑度"用

来确定对尖锐的锐角添加面以平滑它。需要注意的是，"迭代次数"越高，网格平滑的效果越好，但系统的运算量也成倍增加。因此，"迭代次数"最好不要过高（若系统运算效率低，可按 Esc 键返回前一次的设置）。

（3）"参数"卷展栏：在该卷展栏中，"平滑参数"选项区域中的参数用于调整"经典"和"四边形输出"细分方式下网格平滑的效果；"曲面参数"选项区域中的参数用于控制是否为对象表面指定同一平滑组号，并设置对象表面各面片之间平滑处理的分隔方式。

任务拓展

制作吊灯

【步骤 1】启动 3ds Max 2017 中文版，执行"自定义"→"单位设置"命令，在打开的"单位设置"对话框中将单位设置为"毫米"。

【步骤 2】在前视图中绘制如图 3-31 所示的吊灯杆线形（约 300mm×40mm），并为其添加"车削"修改器，得到如图 3-32 所示的效果。

图 3-31 绘制的吊灯杆线形　　图 3-32 车削后的效果

【小技巧】

（1）吊灯杆的线形可以制作一个 300mm×40mm 的长方形作为参照物再进行绘制。

（2）在执行"车削"修改命令时，如果得到的造型中心没有封闭，可以通过移动"车削"命令的"轴"来修改车削后的形态。

【步骤3】在前视图中绘制一条曲线，作为吊灯的挑杆，选中"在渲染中启用"复选框，具体数值设置如图3-33所示。

图3-33　绘制的曲线

【步骤4】使用同样的方法，在顶视图中绘制一条直线，在直线的末端创建一个圆环作为吊灯的连接件，并移动复制一组圆环，圆环的参数设置如图3-34所示。

图3-34　制作的吊灯连接部件

【步骤5】在前视图中绘制吊灯灯头的线形，如图3-35所示。

图3-35　绘制的吊灯灯头线形

【步骤6】为绘制的灯头线形添加"车削"修改器，得到如图3-36所示的效果。

制作办公椅

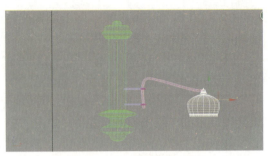

图3-36　灯头车削后的效果

【步骤7】调整好吊灯各个部分的位置，将灯头与连接件成组，然后以灯杆为阵列轴心中点，将它们进行阵列操作，阵列的数量为5，吊灯最终效果如图3-37所示。

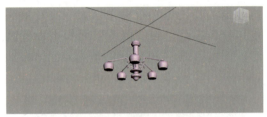

图3-37　吊灯最终效果

【步骤8】保存文件，并命名为"吊灯.max"。

任务3　制作办公椅

任务分析

本实例首先使用"FFD 4×4×4"修改器处理长方体和切角长方体，制作椅座和椅背；其次使用"弯曲"修改器处理软管，制作椅座和椅背的连接部分；再使用"弯曲"修改器处理圆柱体和切角长方体，制作扶手；然后，使用圆柱体、切角长方体（使用"弯曲"修改器使切角长方体弯曲变形）和球体制作支架和滚轮；最后，调整办公椅各部分的位置，完成办公椅模型的制作。

任务实施

1. 设置单位

首先启动3ds Max 2017中文版，执行"自定义"→"单位设置"命令,在打开的"单位设置"对话框中将单位设置为"毫米"。

2. 创建长方体和切角长方体

在顶视图中创建一个长方体和一个切角长方体,参数如图 3-38 和图 3-39 所示。

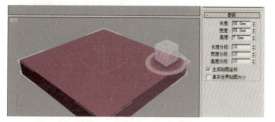

图3-38　长方体的参数

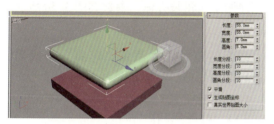

图3-39　切角长方体的参数

3. 添加 FFD 修改器

为切角长方体添加"FFD 4×4×4"修改器,然后设置其修改对象为"控制点",再框选图 3-40 所示的控制点并移动到图示位置,此时切角长方体的效果如图 3-41 所示。

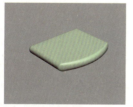

图3-40　添加FFD后的　　图3-41　调整切角长方
　　　切角长方体　　　　　　体形状后的效果

4. 复制和粘贴修改器

退出"FFD 4×4×4"修改器的子对象修改模式,然后右击修改器堆栈中修改器的名称,从弹出的快捷菜单中选择"复制"选项,复制修改器;再单击长方体,打开其修改器堆栈,右击长方体的名称,从弹出的快捷菜单中选择"粘贴"选项,将复制的修改器粘贴到长方体上,此时长方体效果如图 3-42 所示。

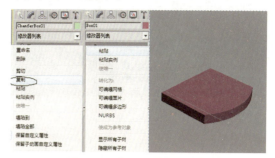

图3-42　复制和粘贴修改器

5. 缩放控制点

设置长方体中"FFD 4×4×4"修改器的修改对象为"控制点",然后在前视图中将图 3-43 所示区域中的控制点均匀缩放到原来的 70%,其效果如图 3-44 所示。

图3-43　缩放控制点

图3-44　缩放后的效果

【小技巧】

先利用框选方式选中控制点,然后使用缩放工具进行缩放。

6. 群组座椅

调整长方体和切角长方体的位置,然后同时选中这两个对象,选择"组"→"成组"选项进行群组,创建办公椅的椅座,其效果如图 3-45 所示。

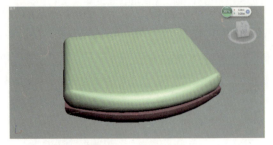

图3-45 椅座效果

7. 制作靠背

利用"旋转克隆"再复制出一个椅座,并为其添加"锥化"修改器,进行锥化处理,制作办公椅的椅背,"锥化"修改器的参数及效果如图3-46所示。

图3-46 椅背参数及效果

8. 设置软管参数

利用"软管"工具在透视图中创建一条软管,作为制作椅座和椅背连接部分的基本三维对象,软管的参数和效果如图3-47所示。

图3-47 软管的参数和效果

9. 添加"弯曲"修改器

为软管添加"弯曲"修改器,参数如图3-48所示。调整软管的位置和角度,将其作为办公椅座和椅背之间的连接部分,其效果如图3-49所示。

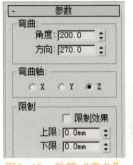
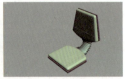

图3-48 软管"弯曲"参数　　图3-49 软管最终效果

10. 设置切角长方体参数

利用"切角长方体"工具在顶视图中创建两个切角长方体,参数如图3-50所示。

11. 添加"弯曲"修改器

为切角长方体添加"弯曲"修改器,进行弯曲处理,参数如图3-51所示。

图3-50 切角长方体参数　　图3-51 切角长方体"弯曲"参数

12. 制作支架

调整两个切角长方体的角度和位置,制作办公椅的支架座,效果如图3-52所示。

图3-52 支架座效果

13. 制作支架立柱

利用"圆柱体"工具，在顶视图中创建两个圆柱体，并调整其位置，创建办公椅支架的立柱。圆柱体的参数如图3-53和图3-54所示，调整后的效果如图3-55所示。

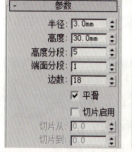 

图3-53　长圆柱体的参数　图3-54　短圆柱体的参数

图3-55　支架立柱效果

14. 制作滚轮

利用"圆柱体"和"球体"工具在透视图中创建一个圆柱体和两个球体，并调整其位置制作办公椅的滚轮。圆柱体和球体的参数如图3-56~图3-58所示。

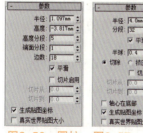  

图3-56　圆柱体的参数　图3-57　半球体的参数　图3-58　球体的参数

15. 滚轮效果

调整圆柱体、球体、半球体的位置，效果如图3-59所示。然后利用"移动克隆"的方法再复制3个滚轮，完成办公椅滚轮的制作。

图3-59　办公椅滚轮效果

16. 制作扶手部件

利用"圆柱体"和"切角长方体"工具在顶视图中创建一个圆柱体和两个切角长方体，参数如图3-60~图3-62所示，制作出的效果如图3-63所示。

图3-60　圆柱体的参数　图3-61　横向切角长方体的参数

 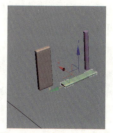

图3-62　纵向切角长方体的参数　图3-63　扶手部件效果

17. 添加"弯曲"修改器

为圆柱体和切角长方体添加"弯曲"

修改器，进行弯曲处理，参数如图 3-64~图 3-66 所示。

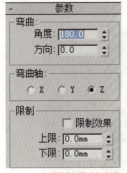
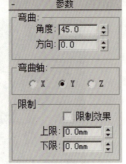

图3-64　圆柱体的弯曲参数　　图3-65　横向切角长方体的弯曲参数

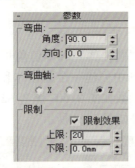

图3-66　纵向切角长方体的弯曲参数

18. 调整扶手

将弯曲后的圆柱体沿 Z 轴放大到原来的 150%，然后调整圆柱体和切角长方体的位置，创建办公椅的扶手，效果如图 3-67 所示。

19. 镜像扶手

利用镜像克隆创建出办公椅另一侧的扶手，然后调整办公椅各部分的位置，并进行群组完成办公椅模型的创建，效果如图 3-68 所示。

图3-67　扶手效果　　图3-68　办公椅模型效果

20. 保存文件

单击"保存"按钮，将此造型保存为"办公椅.max"。

必备知识

1. "弯曲"命令

"弯曲"修改器是效果图建模中常用的一种修改命令，它用于将所选三维对象沿自身某一坐标轴弯曲一定的角度和方向。图 3-69 所示是对三维对象进行不同弯曲处理后的效果。

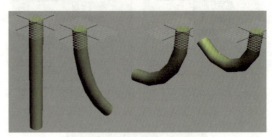

图3-69　弯曲后的效果

"弯曲"命令的使用方法非常简单，先选择要修改的对象，然后进入修改命令面板，选择"修改器列表"中的"弯曲"命令后，即可进行修改操作。

"弯曲"修改器各参数的作用如下：

（1）"角度"微调框：用于输入所选对象的弯曲角度，取值范围为 –999999~999999。

（2）"方向"微调框：用于输入所选对象弯曲的方向，取值范围为 –999999~999999。

（3）"弯曲轴"选项区域：用于设置所选对象弯曲时所依据的坐标轴向，即 X、Y、Z 3 个轴向，选择不同的轴向时弯曲的效果也不同。

"限制效果"复选框：通过设置上部和下部限制平面来限制对象的弯曲效果。选中该复选框后，可利用"上限"微调框设置上部限制平面与修改器中心的距离，范围为 0~999999，通过"下限"微调框设置下部限制平面与修改器中心的距离，范围为 –999999~0，限制平面之间的部分产生指定的弯曲效果，限制平面外的部分无弯曲效果。

2. "FFD"命令

FFD 是 Free Form Deformation 的缩写，

即自由形体变形，该命令通过控制点来影响物体的外形，产生柔和的变形效果，常用于制作计算机动画，也用来创建优美的造型。

"FFD"命令在对象外围加入一个结构线框，它由控制点构成，在结构线框子层级中，可以对整个线框进行变形操作；在"控制点"子对象层级中，可以通过移动每个控制点来改变物体的造型。

"FFD"自由变形不仅是变形修改命令，还可以作为空间扭曲物体使用。对于它的形式，可以分为多个工具，分别为"FFD 2×2×2""FFD 3×3×3""FFD 4×4×4""FFD 长方体""FFD 圆柱体"，这些修改命令的区别在于控制点的个数及排列的方式不同。

（1）下面以"FFD 3×3×3"命令为例介绍一些主要参数的作用。当对一个物体使用了"FFD 3×3×3"命令后，其"FFD 参数"卷展栏如图3-70所示。

图3-70 "FFD 参数"卷展栏

① "晶格"复选框：选中该复选框后，将在视图中显示连接控制点的线条，即结构线框。

② "源体积"复选框：选中该复选框后，调整控制点时只改变物体的形状，不改变结构线框的形状。

③ "仅在体内"复选框：选中该复选框后，只有位于FFD结构线框内的物体才会受到变形影响。

④ "所有顶点"复选框：选中该复选框后，物体的所有顶点都会受到变形影响，不管它们位于结构线框的内部还是外部。

⑤ 单击"重置"按钮，可以将所有控制点恢复到初始位置。

⑥ 单击"全部动画化"按钮，可以为全部控制点指定Point3（点3）动画控制器，使其可以在轨迹视图中显示出来。

⑦ 单击"与图形一致"按钮，修改后的FFD线框的控制点向模型的表面靠近，使FFD线框更接近模型的形态。

⑧ "内部点"复选框：选中该复选框后，只有物体的内部点受到"与图形一致"操作的影响。

⑨ "外部点"复选框：选中该复选框后，只有物体的外部点受到"与图形一致"操作的影响。

⑩ "偏移"复选框：用于设置受"与图形一致"操作影响的控制点偏移对象曲面的距离。

⑪ 单击"About"按钮，可以显示版权和许可信息提示框。

（2）"FFD 3×3×3"命令的3个子对象，如图3-71所示。

图3-71 "FFD 3×3×3"修改器堆栈

① "控制点"子对象：单击该子对象后，可以在视图中选择控制点并移动它的位置，从而改变造型的形状。

②"晶格"子对象：单击该子对象后，可以在视图中对 FFD 结构线框实施移动、缩放及旋转操作，从而改变造型的形状。

③"设置体积"子对象：单击该子对象后，可以在不改变造型形状的前提下调整控制点的位置，使 FFD 结构线框符合造型的形状，从而起到参照作用。

3."锥化"命令

"锥化"命令是将物体沿某个轴向逐渐放大或缩小，可以将锥化的效果控制在三维图形的一定区域内。效果为一端放大而另一端缩小，如图3-72所示。

图3-72 锥化前、后的形态对比

使用"锥化"命令时，需要先选择要修改的对象，然后进入修改命令面板，在"修改器列表"中选择"锥化"命令后即可进行修改操作。

"锥化"命令的"参数"卷展栏如图3-73所示。

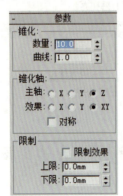

图3-73 "参数"卷展栏

（1）"数量"微调框：用于设置锥化的大小程度。取正值时，对象向外进行锥化；取负值时，对象向内进行锥化。

（2）"曲线"微调框：用于设置锥化曲线的弯曲程度。取值为 0 时，锥化曲线为直线；大于 0 时，锥化曲线向外凸出，值越大，凸出得越多；小于 0 时，锥化曲线向内凹陷，值越小，凹陷得越多。

（3）"主轴"选项：用于设置锥化所依据的主要坐标轴向，默认为 Z 轴。

（4）"效果"选项：用于设置锥化所影响的轴向，默认为 X、Y 轴。

（5）"对称"复选框：选中该复选框后，对象将产生对称的锥化效果。

任务拓展

制作旋转楼梯

【步骤 1】启动 3ds Max 2017 中文版，执行"自定义"→"单位设置"命令，在打开的"单位设置"对话框中将单位设置为"毫米"。

【步骤 2】单击工具栏中的"捕捉"按钮并右击，在弹出的快捷菜单中选择"栅格和捕捉设置"选项，在打开的"栅格和捕捉设置"对话框中选择"栅格点"选项。

【步骤 3】将前视图最大化显示（或按 Alt+W 组合键）。

【步骤 4】执行"创建"→"图形"→"线"命令，在前视图中绘制如图 3-74 所示的线形，控制踏步的数值为"水平三个栅格""垂直两个栅格"。

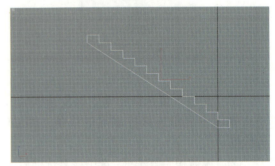

图3-74 绘制的楼梯截面线

【步骤 5】进入修改命令面板，按下 2

键，进入"线段"子对象层级，在前视图中选择下面的线段，然后在"拆分"右侧的窗口中输入"10"，单击"拆分"按钮，此时选择的线段加上10个顶点，如图3-75所示。

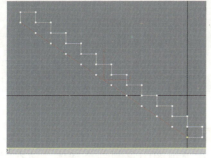

图3-75 为线段进行加点

【小技巧】

在对"线段"子对象进行"拆分"的过程中，"顶点"的类型必须是"角点"方式，否则它不是等分的。

【步骤6】为绘制的线形添加"挤出"修改命令，将"数量"设置为"1500"，效果如图3-76所示。

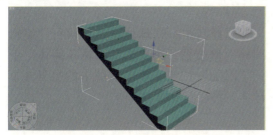

图3-76 添加"挤出"命令

【步骤7】使用同样的方法在前视图中绘制出楼梯挡板的截面，然后为其增加12个顶点，如图3-77所示。

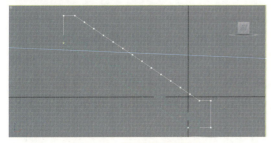

图3-77 绘制挡板的截面

【小技巧】

为"线段"增加"顶点"的目的是为后面进行"弯曲"时达到更好的效果，如果不增加顶点，就不能进行弯曲。

【步骤8】在命令面板中执行"挤出"修改命令，设置"数量"为"2"，在顶视图中沿 Y 轴向下复制一个，使用"对齐"命令进行对齐。

【步骤9】选择所有的造型，在"修改器列表"中执行"弯曲"修改命令，将"角度"设置为"90"，"方向"设置为"90"，选中"X"单选按钮，旋转楼梯效果如图3-78所示。

图3-78 旋转楼梯效果

【步骤10】保存文件，并命名为"旋转楼梯.max"。

任务4 制作时尚艺术凳

任务分析

本实例主要通过制作时尚艺术凳来学习"布尔"命令的使用，首先使用"线"命令绘制出时尚艺术凳的剖面，然后添加"车削"修改器生成三维物体，再创建"球体"作为布尔运算物体，使用"布尔"命令制作出圆洞，最后创建一个"切角圆柱体"作为"凳座"。

任务实施

制作时尚艺术凳

1. 设置单位

首先启动 3ds Max 2017 中文版，执行"自定义"→"单位设置"命令，在打开的"单位设置"对话框中将单位设置为"毫米"。

2. 创建曲线

使用"线"命令在前视图中绘制一个 600mm×400mm 的线形，如图 3-79 所示。

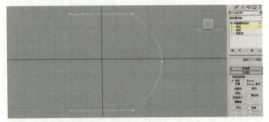

图3-79　绘制的线形

【小技巧】
为了准确地控制好线形尺寸，在绘制线形时可以先绘制一个矩形作为参照，再绘制线形就能很好地控制好尺寸了。

3. 添加轮廓

按下"3"键，进入"样条线"子对象层级，然后为线形添加轮廓，如图 3-80 所示。

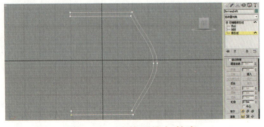

图3-80　为线形添加轮廓

4. 添加"车削"修改器

确认绘制的线形处于选择状态，在"修改器列表"中执行"车削"修改器，选中"参数"卷展栏下的"焊接内壳"复选框，再单击"对齐"选项区域中的"最小"按钮。

5. 创建球体

在前视图中创建一个球体，位置及参数如图 3-81 所示。

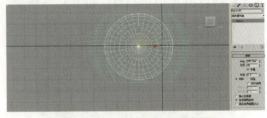

图3-81　创建球体的位置及参数

6. 复制球体

在顶视图中复制一个球体，放在对面，然后旋转复制一组，如图 3-82 所示。

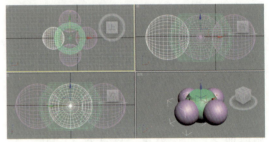

图3-82　复制的球体

7. 附加球体

选择其中一个球体，然后执行"编辑网格"修改器，再单击"编辑几何体"下的"附加"按钮，单击视图中的另外 3 个球体，将它们附加为一体。

【小技巧】
将球体附加为一体，在进行"布尔运算"时可以一次性将要减掉的对象进行布尔。

8. 布尔运算

选中执行"车削"修改命令的线形，然后执行"创建"→"几何体"→"标准基本体"→"复合对象"→"布尔"命令，再单击"拾取操作对象B"按钮，如图 3-83 所示。

10. 创建底座

在凳子的上面创建一个切角圆柱体作为坐垫，其效果如图 3-85 所示。

图3-85 时尚艺术凳最终效果

11. 保存文件

单击"保存"按钮，将此造型保存为"时尚艺术凳.max"。

必备知识

1. "二维布尔"命令

"二维布尔"命令是一种逻辑数学计算方法，通常用于处理两个模型相交的情形。执行布尔操作的前提是两个闭合多边形互相交叉，布尔效果如图 3-86 所示。

图3-86 布尔效果

（1）"并集"：将两个重叠样条线组合成一个样条线，在该样条线中，重叠的部分被删除，保留两个样条线不重叠的部分，构成一个样条线。

（2）"差集"：从第一个样条线中减去第二个样条线重叠的部分，并删除第二个样条线中剩余的部分。

（3）"交集"：仅保留两个样条线的重叠部分，删除两者的不重叠部分。

2. "布尔运算"建模

"布尔运算"建模是一种复合对象建

图3-83 选择"布尔"命令

【小技巧】

参与"布尔"命令的对象，必须有相交的部分，如果没有相交，则在执行"交集"和"差集"命令时将不会出现运算结果。

9. 布尔结果

在视图中单击附加为一体的球体，效果如图 3-84 所示。

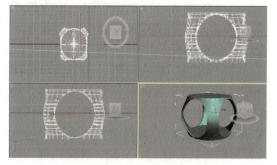

图3-84 布尔运算后的效果

模方法，它是将两个三维对象通过"并集""交集"和"差集"等运算后复合在一起，形成一个三维对象。

在布尔运算中，两个原始对象称为操作对象，其中一个称为操作对象A，另一个称为操作对象B。进行布尔运算前，首先要在视图中选择一个原始对象，这时"布尔"按钮才可以使用，在进行布尔运算后，随时可以对两个操作对象进行修改。

要进行"布尔运算"操作，必须进入复合对象创建命令面板。在创建命令面板中单击"创建"按钮，并单击"标准基本体"按钮，在弹出的下拉列表中选择"复合对象"选项，即可进入复合对象创建命令面板，如图3-87所示。

当在视图中选择一个操作对象后，单击"布尔"按钮，可以出现布尔运算的相关参数，如图3-88所示。

② "参考"单选按钮：选中该单选按钮后，将以参考的方式复制一个当前选定的物体作为布尔操作对象B，当对原物体进行修改时，布尔操作对象B也同时发生改变。

③ "复制"单选按钮：选中该单选按钮后，将复制一个当前选定的物体作为布尔操作对象B，当对原始物体进行修改时，布尔操作对象B不改变。

④ "移动"单选按钮：选中该单选按钮后，则将原始对象直接作为布尔操作对象B。

⑤ "实例"单选按钮：选中该单选按钮后，将以实例的方式复制一个当前选定的物体作为布尔操作对象B，对原始物体进行修改时，布尔操作对象B也同时发生变化。

（2）"参数"卷展栏中的参数用于设置布尔运算的操作方式。

① "操作对象"列表框：用于显示当前进行布尔运算操作的对象A和对象B的名称。

② "名称"文本框：在"操作对象"列表框中选择一个对象后，在该文本框中可以对其进行重命名。

③ "并集"单选按钮：选中该单选按钮后，可将两个物体合并在一起，物体之间的相交部分被移除。

④ "交集"单选按钮：选中该单选按钮后，可保留两个物体之间的相交部分。

⑤ "差集A-B"单选按钮：选中该单选按钮后，可从操作对象A中减去操作对象B的重叠部分。

⑥ "差集B-A"单选按钮：选中该单选按钮后，可从操作对象B中减去操作对象A的重叠部分。

⑦ "切割"单选按钮：选中该单选按钮后，可使一个物体剪切另一个物体，类似于差集运算，但操作对象B不为操作对象A增加任何新的网格面。该选项中包含4种切割方式：优化、分割、移除内部、移除外部。

图3-87 复合对象创建命令面板　图3-88 布尔运算的主要参数

布尔运算的主要参数如下。

（1）"拾取布尔"卷展栏用于控制如何拾取操作对象B。

① "拾取操作对象B"按钮：单击"拾取操作对象B"按钮，可以在场景中拾取布尔操作对象B。

【小技巧】

在"布尔运算"过程中应注意以下几点。

（1）整个操作对象表面法线方向必须统一，可以使用"法线"命令统一对象表面的法线方向。

（2）运算对象的表面必须完全闭合，没有洞、重叠面或未被合并的顶点。

（3）如果对网格对象进行布尔运算，那么共享一条边界的面必须共享两个顶点，而且一条边界只能被这两个面共享。

（4）布尔运算只有对单个对象进行运算时才是可靠的，在对下一个对象进行运算之前要重新执行布尔运算操作。

任务拓展

制作扳手

【步骤1】启动 3ds Max 2017 中文版，执行"自定义"→"单位设置"命令，在打开的"单位设置"对话框中将单位设置为"毫米"。

【步骤2】将前视图最大化显示，执行"创建"→"图形"→"样条线"→"矩形"命令，在"键盘输入"卷展栏中输入图 3-89 所示的参数，单击"创建"按钮，在前视图中创建一个矩形，利用"修改"面板将其命名为"矩形中"。

【步骤3】执行"创建"→"图形"→"样条线"→"圆"命令，在"键盘输入"卷展栏中输入图 3-90 所示的参数，单击"创建"按钮，在前视图中创建一个圆形，将其命名为"大圆"。

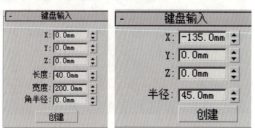

图3-89 创建的"矩形中"图形的参数　　图3-90 创建"大圆"图形的参数

【步骤4】参照【步骤3】的操作再在前视图中创建一个圆形，并将其命名为"小圆"，参数如图 3-91 所示。

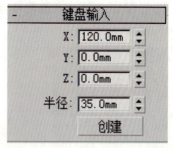

图3-91 创建"小圆"图形的参数

【步骤5】参照【步骤2】的操作再在前视图中创建两个矩形，并分别命名为"矩形左"和"矩形右"，"键盘输入"的参数如图 3-92 和图 3-93 所示。

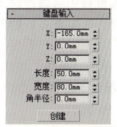

图3-92 创建"矩形左"图形的参数　　图3-93 创建"矩形右"图形的参数

【步骤6】右击视图中的"小圆"图形，在弹出的快捷菜单中选择"转换为"→"转换为可编辑样条线"命令，如图 3-94 所示。

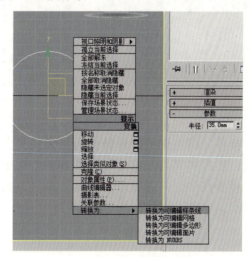

图3-94 添加"编辑样条线"修改器

【步骤7】单击"修改"面板"几何体"卷展栏中的"附加"按钮，选取前视图中的"矩形右"图形，将"矩形右"图形与"小圆"图形附加到同一可编辑样条线中，如图3-95所示。

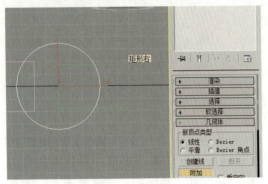

图3-95　附加图形

【步骤8】在修改器堆栈中将修改对象设为"样条线"子层级，选中合并后的圆形样条线子对象，单击"几何体"卷展栏中的"布尔"按钮，并单击"差集"按钮，再在合并后的矩形样条线子对象上单击，进行布尔运算，如图3-96所示。

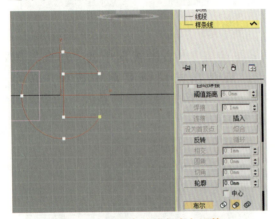

图3-96　对样条线进行布尔运算

【步骤9】参照【步骤6】~【步骤8】的操作，将左侧的图形转换为可编辑样条线，然后将其与左侧矩形附加到一个可编辑样条线中，并进行布尔运算，如图3-97所示。

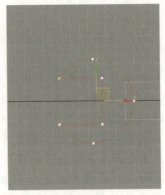

图3-97　对左侧圆和矩形进行布尔运算

【步骤10】选择视图中的"矩形中"图形，将其转换为可编辑样条线，然后利用"修改"面板"几何体"卷展栏中的"附加"按钮将其右侧的图形与该样条线附加到同一可编辑样条线中，如图3-98所示。

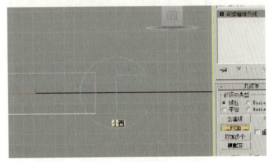

图3-98　附加图形

【步骤11】在"修改"面板中将附加后的可编辑样条线设置为"样条线"子层级，并选取视图中的矩形样条线，然后单击"几何体"卷展栏中的"布尔"按钮和"并集"按钮，再在视图中右侧的样条线上单击，进行布尔运算，如图3-99所示。

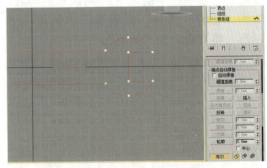

图3-99　对样条线进行布尔运算

【步骤 12】参照【步骤 10】和【步骤 11】的操作，将左侧图形与"矩形中"图形附加到同一可编辑样条线中，进行布尔运算，效果如图 3-100 所示。

图3-100　对左侧图形进行布尔运算后的效果

【步骤 13】选中视图中的图形，在"修改"面板的"渲染"卷展栏中选中"在渲染中启用"和"在视口中启用"复选框，将"厚度"设置为"2"，如图 3-101 所示。

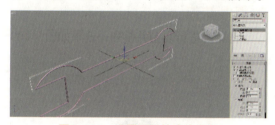

图3-101　设置图形的渲染参数

【步骤 14】保存文件，并命名为"扳手.max"。

任务5　制作牵牛花

任务分析

本实例主要使用"放样"修改器和放样变形中的"缩放"功能来制作牵牛花的造型。首先使用"放样"修改器制作牵牛花的主体效果，其次使用放样变形中的"缩放"功能制作牵牛花的实体效果，最后使用"螺旋线"制作牵牛花的花茎。

任务实施

1. 设置单位

首先启动 3ds Max 2017 中文版，执行"自定义"→"单位设置"命令，在打开的"单位设置"对话框中将单位设置为"毫米"。

牵牛花制作

2. 创建星形

执行"创建"→"图形"→"星形"命令，在顶视图中拖动鼠标创建星形，设置"半径 1"为 115mm、"半径 2"为 105mm、"点"为 12mm、"圆角半径 1"为 1mm、"圆角半径 2"为 1mm，如图 3-102 所示。

图3-102　创建星形

3. 放样图形

单击"线"按钮，在前视图中新建一条直线，单击"几何体"按钮，进入创建几何体下拉菜单，选择"复合对象"面板中的"放样"命令，然后选择直线，再单击"获取图形"按钮，最后单击星形完成"放样"过程，效果如图 3-103 所示。

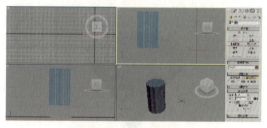

图3-103　放样效果

4. 修改蒙皮参数

选择放样物体，进入修改命令面板，展开"蒙皮参数"卷展栏，去掉放样物体上下端的封盖，如图 3-104 所示。

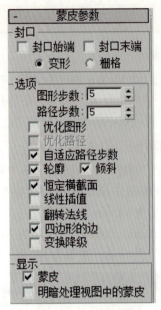

图3-104 去掉封盖

5. 修改曲线

选择放样物体，进入修改命令面板，展开"变形"卷展栏，单击"缩放"按钮，在弹出的面板中按照图3-105所示中的参数修改曲线。修改后的效果如图3-106所示。

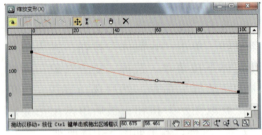

图3-105 修改曲线参数

图3-106 修改后的效果

6. 创建曲线

在顶视图中新建一个圆形，然后在前视图中创建二维曲线，如图3-107所示。

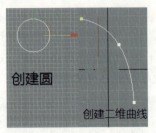

图3-107 创建二维曲线

7. 打开"缩放变形"对话框

以圆形为截面、线条为路径进行放样，在"缩放变形"对话框中调节缩放曲线的形状，如图3-108所示。

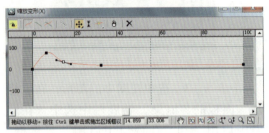

图3-108 调节缩放曲线

8. 复制花蕊

将花蕊进行复制并排列，效果如图3-109所示。

图3-109 排列花蕊后的效果

9. 创建螺旋线

进入图形创建命令面板，单击"螺旋线"按钮，在顶视图中拖动鼠标创建螺旋线，设置"半径1"为300mm、"半径2"为50mm、"高度"为700mm、"圈数"为1.5、"偏移"为0.5mm，参数及效果如图3-110所示。

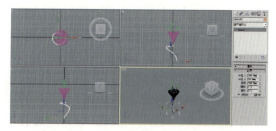

图3-110　创建螺旋线的参数及效果

10. 渲染效果

选择螺旋线，进入修改命令面板，打开"渲染"卷展栏，设置"厚度"为20mm、"边"为12、"角度"为0。选中"渲染"单选按钮，生成贴图坐标，显示渲染网格，效果如图3-111所示。

图3-111　牵牛花效果

11. 保存文件

单击菜单栏中的"保存"按钮，将此造型保存为"牵牛花.max"。

必备知识

1. "放样"建模基本原理

"放样"是创建3D对象最重要的方法之一，"放样"建模利用两个或两个以上的二维图形来创建三维模型。利用放样可以创建作为路径的图形对象及任意数量的横截面图形，该路径可以成为一个框架，用于保留形成放样对象的横截面。利用"放样"工具，可以制作更为复杂的三维模型，如复杂雕塑、欧式立柱、窗帘、牙膏牙刷等模型。

"放样"建模的原理是沿一条指定的路径排列截面图形，从而形成对象的表面，如图3-112所示。

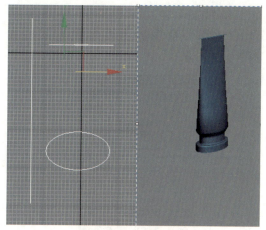

图3-112　放样示意图

2. "放样"建模的基本步骤

（1）创建二维图形，放样对象的截面图形和路径图形。

（2）选择路径图形或截面图形。在"复合对象"创建面板的"对象类型"卷展栏中单击"放样"按钮。

（3）在"创建方法"卷展栏中单击"获取图形"按钮，然后在视图中拾取截面图形或路径图形。

【小技巧】

如果先选择作为放样路径的图形，则在"创建方法"卷展栏中单击"获取图形"按钮；如果先选取作为截面图形的放样曲线，则要在"创建方法"卷展栏中单击"获取路径"按钮。两者没有本质区别，放样后的模型对象完全一样，只是放样后模型的位置和方向不同。

3. "放样"建模的基本条件

（1）放样的截面图形和放样路径必须都是二维图形。

（2）截面图形可以是一个，也可以是任意多个。

（3）放样路径只能有一条。

（4）截面图形可以是开放的图形，也可以是封闭的图形，但不能有自相交的情况。

4. "放样"命令的主要参数

"放样"命令的主要参数卷展栏如图3-113所示。

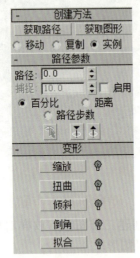

图3-113 "放样"命令的参数卷展栏

1）"创建方法"卷展栏

"创建方法"卷展栏中的参数用来决定放样过程中使用哪种方式进行放样。

（1）单击"获取路径"按钮，在场景中选择作为放样路径的图形。

（2）单击"获取图形"按钮，在场景中选择作为放样截面的图形。

（3）"移动"单选按钮：选中该单选按钮后，将以当前选定的曲线直接作为放样图形。

（4）"复制"单选按钮：选中该单选按钮后，将复制一个当前选定的曲线作为放样图形，对原始图形进行编辑后，放样曲线不发生变化。

（5）"实例"单选按钮：选中该单选按钮后，将复制一个当前选定的曲线作为放样图形，对原始图形进行编辑后，放样曲线也随着变化。

2）"路径参数"卷展栏

"路径参数"卷展栏中的参数用来设置放样物体路径上各个截面图形的间隔位置。

（1）"路径"微调框：依据指定的测量方式，在路径上确定一个放样位置点。

（2）"捕捉"微调框：依据指定的测量方式，确定放样路径上截面图形固定的距离增量。选中"启用"复选框后，"捕捉"选项生效。

（3）"百分比"单选按钮：选中该单选按钮后，将依据路径全长的百分比测量放样位置点。

（4）"路径步数"单选按钮：选中该单选按钮后，将依据路径曲线的步数和顶点确定放样位置点。

（5）"拾取图形"按钮：单击该按钮后，可以在放样物体中手动拾取放样截面，该按钮只在修改命令面板中可用。

（6）"前一个图形"按钮：单击该按钮后，将跳转到前一个截面图形所在的位置点。

（7）"下一个图形"按钮：单击该按钮后，将跳转到下一个截面图形所在的位置点。

3）"变形"卷展栏

"变形"卷展栏中提供了5个重要的修改命令，主要用于修改放样物体。

（1）单击"缩放"按钮，可以打开"缩放变形"对话框，在该对话框中，可以将路径上的截面在X、Y轴方向上做缩放变形。该对话框中包含两条变形线，红线表示X轴向的缩放比例；绿线表示Y轴向的缩放比例。

（2）单击"扭曲"按钮，可以打开"扭曲变形"对话框，在该对话框中，可以将路径上的截面以Z轴方向为旋转轴进行扭曲。该对话框中包含一条红色变形线，输入正值时产生逆时针方向的旋转；输入负值时产生顺时针方向的旋转。

（3）单击"倾斜"按钮，可以打开"倾斜变形"对话框，在该对话框中，可以将路径上的截面在X、Y轴方向上进行倾斜。

该对话框中包含两条变形线，红线表示 X 轴向的倾斜角度；绿线表示 Y 轴向的倾斜角度。

（4）单击"倒角"按钮，可以打开"倒角变形"对话框，在该对话框中，可以对放样物体进行倒角变形。该对话框中包含一条红色变形线，输入正值时增加倒角量；输入负值时产生反向倒角的效果。

（5）单击"拟合"按钮，可以打开"拟合变形"对话框。拟合是根据机械制图中的三视图原理，通过 2 个或 3 个方向上的轮廓图形将放样复合物体的外部边缘进行拟合，利用该按钮可以放样生成复制的物体。在该对话框中包含两条变形线，红线表示 X 轴向的轮廓图形；绿线表示 Y 轴向的轮廓图形。

任务拓展

制作 L 形组合沙发

【步骤 1】启动 3ds Max 2017 中文版，执行"自定义"→"单位设置"命令，在打开的"单位设置"对话框中将单位设置为"毫米"。

【步骤 2】在顶视图中创建一个 810mm×810mm×300mm×30mm 的切角长方体，并修改其"长度分段"为 8mm，"宽度分段"为 8mm，"圆角分段"为 3，如图 3-114 所示。

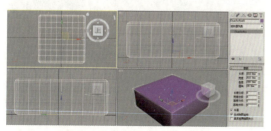

图3-114　创建的切角长方体

【步骤 3】在"修改器列表"中选择"FFD（长方体）"修改命令，单击"FFD 参数"组下的"设置点数"按钮，修改设置点数的"高度"为 2mm，如图 3-115 所示。

图3-115　添加FFD修改器

【小技巧】

进入"FFD 长方体"修改命令的控制点、晶格和设置体积子对象层级时，也可以通过按下键盘中的 1、2、3 键进入相关层级。

【步骤 4】按下 1 键，进入"FFD 长方体"修改命令的控制点层级，通过调整控制点的位置来得到凸起的沙发坐垫，修改后的切角长方体如图 3-116 所示。

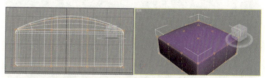

图3-116　修改后的切角长方体

【小技巧】

由于制作的模型只是顶部凸起，因此在选择控制点时一定要将底部的控制点选减掉，只修改长方体顶部的控制点。

【步骤 5】使用"放样"修改器制作出沙发腿的造型，并在合适的位置复制一个沙发腿，效果如图 3-117 所示。

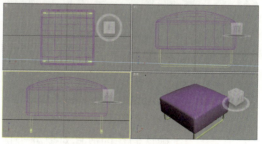

图3-117　制作的沙发腿

【步骤6】使用同样的方法制作出其余的沙发、扶手及靠背，效果如图3-118所示。

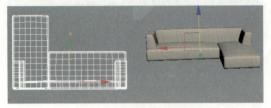

图3-118 沙发的效果

【步骤7】在顶视图中绘制一个40mm×15mm的矩形，然后对其设置圆角，作为放样的图形截面。再绘制一条L形线形，作为放样的路径，如图3-119所示。

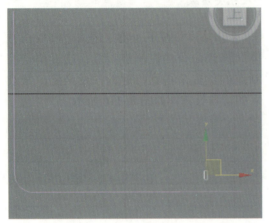

图3-119 "放样"的路径和图形截面

【步骤8】确认放样的路径处于选中状态，选择"复合对象"下的"放样"命令，单击"获取图形"按钮，在视图中拾取绘制的矩形，得到如图3-120所示的效果。这时，可以发现放样后的矩形方向是错误的，需要将放样图形截面进行旋转修改。

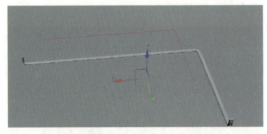

图3-120 执行"放样"后的效果

【步骤9】确认制作的放样对象处于选中状态，按下1键，进入"图形"子层级，单击"图形"命令下的"比较"按钮，弹出"比较"对话框，单击"拾取图形"按钮，在视图中单击放样对象的图形截面，如图3-121所示。

图3-121 选择放样图形截面

【步骤10】在顶视图中框选放样图形，使用旋转工具将图形截面旋转90°。

【步骤11】将制作完成的沙发腿调整至合适位置，然后再复制一条沙发腿，添加"编辑多边形"修改器，通过移动顶点的位置来修改沙发腿的大小，如图3-122所示。

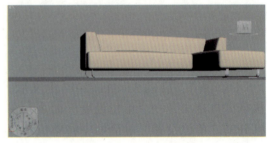

图3-122 修改后的沙发腿

【步骤12】最后在上面制作几个靠垫，完成L形组合沙发的制作，效果如图3-123所示。

图3-123 L形沙发最终效果

【步骤13】保存文件，并命名为"L形组合沙发.max"。

任务6 制作高跟鞋

任务分析

本实例通过制作精美可爱的时尚高跟鞋，掌握三维基本模型的创建和修改，能够使用"编辑多边形"修改器及"点"子对象的编辑和修改。

任务实施

1. 设置单位

首先启动3ds Max 2017中文版，执行"自定义"→"单位设置"命令，在打开的"单位设置"对话框中将单位设置为"毫米"。

2. 创建长方体

在顶视图中创建一个90mm×230mm×25mm的长方体，如图3-124所示。

图3-124 创建的长方体

3. 转换为可编辑多边形

选中长方体并右击，在打开的快捷菜单中，选择"转换为"→"转换为可编辑多边形"命令，如图3-125所示。

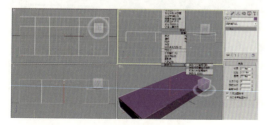

图3-125 "转换为可编辑多边形"命令

4. 调整顶点

选择"顶点"级别，在顶视图中调整顶点的位置，如图3-126所示。

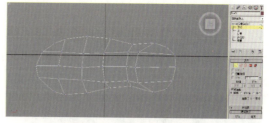

图3-126 调整顶点的位置

5. 移除线段

在顶视图中，"边"级别下将底部红圈中的线选中，使用"编辑边"中的"移除"功能将选中的边线删除，如图3-127所示。

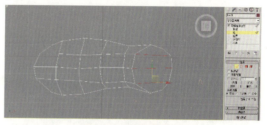

图3-127 删除边线

6. 调整形状

在其他视图中利用"移动工具"，移动侧面的点使其成为鞋的形状，如图3-128所示。

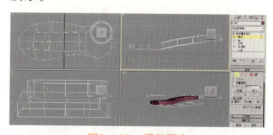

图3-128 调整顶点

7. 选择面

在透视图中选中鞋跟底面部分，如图3-129所示。

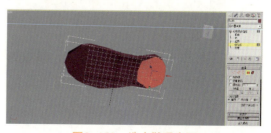

图3-129 选中鞋跟底面

8. 挤出面

将【步骤7】选中的鞋跟底面用"挤出"功能挤出后并缩放此底面，如图3-130所示。

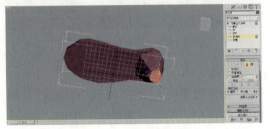

图3-130 挤出和缩放

9. 倒角挤出

使用"倒角"功能挤出和收缩并实施两次，效果如图3-131所示。

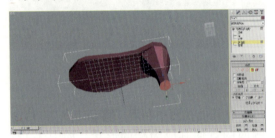

图3-131 倒角和收缩

10. 添加"网格平滑"修改器

在"修改器列表"中添加"网格平滑"修改器，"迭代次数"设置为2，如图3-132所示。

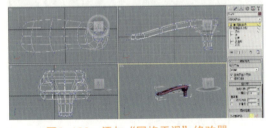

图3-132 添加"网格平滑"修改器

11. 创建长方体

在顶视图中创建一个长方体，参数如图3-133所示。

图3-133 创建长方体

12. 添加"弯曲"修改器

在"修改器"列表中添加"弯曲"修改器，并调整其参数，如图3-134所示。

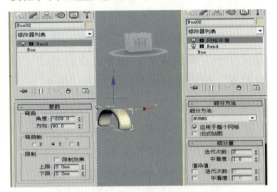

图3-134 添加"弯曲"修改器

13. 制作花瓣

最后制作花瓣，在顶视图中创建一个长方体，参数如图3-135所示。

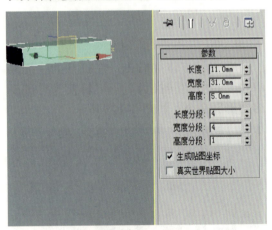

图3-135 制作花瓣

14. 转换为可编辑多边形

选中长方体并右击，在打开的快捷菜单中，选择"转换为"→"转换为可编辑多边形"命令,如图3-136所示。

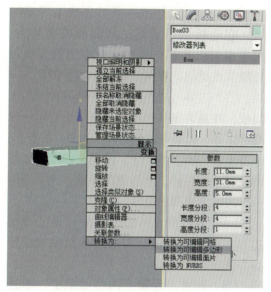

图3-136 转换为可编辑多边形

15. 调整多边形的点

使用"移动工具"调整顶点,将其调整为心形,如图3-137所示。

图3-137 调整为心形

16. 镜像复制花瓣

使用"镜像工具"复制花瓣,在其中心创建一个球体,然后使用"缩放工具"将其压扁,如图3-138所示。

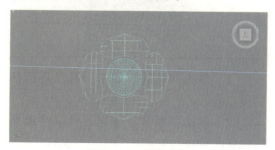

图3-138 创建球体

17. 添加"网格平滑"修改器

选中其中一个花瓣,用"附加"功能依次附加其余花瓣,在"修改器列表"中添加"网格平滑"修改器,设置"迭代次数"为1,如图3-139所示。

图3-139 附加花瓣、添加"网格平滑"修改器

18. 添加FFD修改器

在"修改器列表"中添加"FFD 3×3×3"修改器,打开"次"层级选择"控制点"选项。使用"移动工具"调整控制点的位置使其与弯曲的弧面物体相吻合,完成高跟鞋模型的创建,调整位置使效果达到最佳,如图3-140所示。

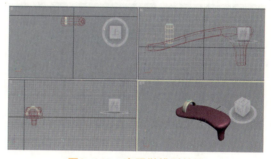

图3-140 高跟鞋模型效果

19. 保存文件

单击菜单中的"保存文件"按钮,将此造型保存为"高跟鞋.max"。

> **必备知识**
>
> "多边形"建模是一种非常重要的建模方法,一般需要先创建一个三维对象,再将其转换为可编辑多边形,通过对顶点、边、边界、多边形、元素5个子对象的编辑,可得到所需的三维造型。

1. 将三维对象转换为可编辑多边形的方法

（1）将三维对象转换为可编辑多边形有以下两种方法。

① 在视图中选择三维对象，进入"修改"命令面板，在"修改器列表"中选择"编辑多边形"命令。

② 在视图中的三维对象上右击，从弹出的快捷菜单中选择"转换为"→"转换为可编辑多边形"命令。

（2）两种方法的区别。

从命令的组织形式上来说，两者是一样的，执行了任意一个命令后，对象都是由顶点、边、边界、多边形和元素组成的。但是两者又是有区别的，执行"修改"命令面板中的"编辑多边形"命令以后，对象仍然保留了底层参数；而执行了"转换为可编辑多边形"命令后，对象的底层参数将丢弃，如图3-141所示。

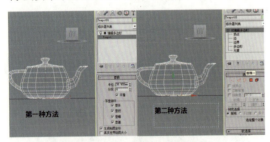

图3-141　两种方法的区别

2. 可编辑多边形的子对象

在"编辑器堆栈"区中，单击"编辑多边形"选项左边的"+"按钮，展开编辑层次，可以分别选择顶点、边、边界、多边形和元素5个子对象进行编辑和修改，也可以在"选择"卷展栏中单击"顶点"、"边"、"边界"、"多边形"和"元素"按钮。

（1）顶点。顶点是空间上的点，它是对象的最基本层次。当移动或编辑顶点时，顶点所在面也受影响。对象形状的任何改变都会导致重新安排顶点。在3ds Max中有很多编辑方法，但是最基本的编辑方法是顶点编辑。

（2）边。边是指一条可见或不可见的线，它连接两个节点，从而形成面的边。两个面可以共享一条边。处理边的方法与处理节点类似，在网格编辑中经常使用。

（3）边界。边界由仅在一侧带有面的边组成，并总为完整循环。例如，长方体一般没有边界，但茶壶对象有多个边界：茶壶上、壶身上、壶嘴上各一个，壶柄上两个。如果创建一个圆柱体，然后删除一端，这一端的一行边将组成圆形边界。

（4）多边形。多边形是由可见的线框边界内的面形成的。多边形是面编辑的便捷方法。

（5）元素。元素是网格对象中一组连续的表面，如长方体总体就是一个元素，茶壶就是由4个不同元素组成的几何体。

3. 可编辑多边形的重要参数

"可编辑多边形"的功能非常强大，参数也非常多，选择不同的子对象时会出现不同的参数，具体如下。

1）"编辑顶点"卷展栏

进入"顶点"子对象层级，可以对选择的顶点进行编辑，除了可以移动、缩放外，还可以在"编辑顶点"卷展栏中对顶点进行设置，如图3-142所示。

图3-142　"编辑顶点"卷展栏

（1）单击"移除"按钮，可以将选择的顶点删除。

（2）单击"断开"按钮，可以将选择的顶点断开。

（3）单击"挤出"按钮，在视图中直接拖动选择的顶点，可以手动挤出顶点。

挤出顶点时，会沿法线方向移动，并且创建新的多边形。

（4）单击"焊接"按钮，可以对"焊接"对话框中指定公差范围内的连续顶点进行合并。

（5）单击"切角"按钮，在视图中拖动鼠标，可以对选择的顶点进行切角设置，如图3-143所示。如果拖动了一个未选择的顶点，则会取消已经选择的顶点。

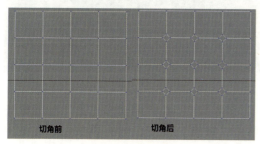

图3-143 切角顶点

（6）单击"目标焊接"按钮，可以选择一个顶点，然后将其焊接到目标顶点上。

（7）单击"连接"按钮，可以在选择的顶点之间创建新的边。

（8）单击"移除孤立顶点"按钮，可以将不属于任何多边形的所有顶点删除。

（9）某些建模操作会留下未使用的（孤立）贴图顶点，它们会显示在"展开UVW"编辑器中，但是不能用于贴图，单击"移除未使用的贴图顶点"按钮，可以自动删除这些贴图顶点。

2）"编辑边"卷展栏

进入"边"子对象层级，可以对选择的边进行编辑，可以对边子对象进行移动、分割、连接等操作。"编辑边"卷展栏如图3-144所示。

（1）单击"插入顶点"按钮，在边子对象上单击，可以插入顶点，从而将边子对象进行细分。

（2）单击"移除"按钮，可以删除选定的边并组合使用这些边的多边形。

（3）单击"连接"按钮，使用当前"连接边"对话框中的设置，在每对选定的

边之间创建新边。制作室内效果图时，该命令使用较多。

3）"编辑多边形"卷展栏

进入"多边形"子对象层级，可以对多边形子对象进行各种编辑操作，从而满足建模的要求。"编辑多边形"卷展栏如图3-145所示。

图3-144 "编辑边"　　图3-145 "编辑多边
卷展栏　　　　　　形"卷展栏

（1）单击"挤出"按钮，选择并拖动多边形子对象，可以将其挤出一定的厚度。单击右侧的小按钮，可以通过对话框进行精确挤出。

（2）单击"倒角"按钮，选择并拖动多边形子对象，可以对其进行倒角设置。单击右侧的小按钮，可以通过对话框进行精确倒角。

（3）单击"轮廓"按钮，选择并拖动多边形对象，可以对其进行收缩或扩展设置。

（4）单击"插入"按钮，选择并拖动多边形子对象，可以在选择的多边形子对象中再插入一个多边形子对象。

任务拓展

制作哑铃

【步骤1】启动3ds Max 2017中文版，执行"自定义"→"单位设置"命令，在打开的"单位设置"对话框中将单位设置为"毫米"。

【步骤2】执行"创建"→"几何体"→"标准基本体"→"圆柱体"命令，在前视图中创建一个"高度"为0的圆柱体，其参数设置如图3-146所示。

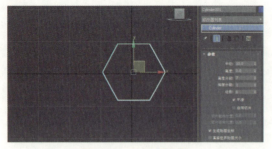

图3-146 创建圆柱体

【步骤3】选择"修改"命令面板,在"修改器列表"中选择"编辑多边形"命令,在"选择"卷展栏中单击"多边形"按钮,进入"多边形"子对象层级。

【步骤4】在前视图中单击圆柱体的顶面,选择一个多边形面(呈红色),然后在"编辑多边形"卷展栏中单击"倒角"按钮右侧的按钮,在弹出的"倒角多边形"对话框中设置"高度"为10mm、"轮廓量"为13mm,如图3-147所示。

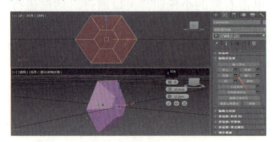

图3-147 倒角多边形

【步骤5】单击"确定"按钮后,多边形产生一定的厚度与倒角度。

【步骤6】在"编辑多边形"卷展栏中单击"挤出"按钮右侧的按钮,在弹出的"挤出多边形"对话框中设置"挤出高度"为20mm,单击"确定"按钮,如图3-148所示。

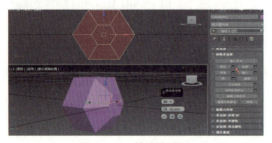

图3-148 挤出多边形

【步骤7】在"编辑多边形"卷展栏中单击"倒角"按钮右侧的按钮,在弹出的"倒角多边形"对话框中设置"高度"为10mm、"轮廓量"为–13mm,如图3-149所示。

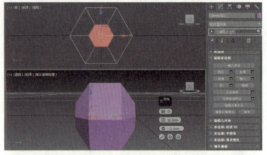

图3-149 倒角多边形

【步骤8】在"编辑多边形"卷展栏中单击"挤出"按钮右侧的按钮,在弹出的"挤出多边形"对话框中设置"挤出高度"为60mm,如图3-150所示。

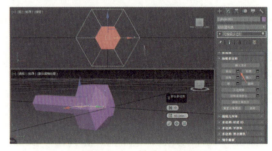

图3-150 挤出多边形

【步骤9】重复前面的步骤,制作出哑铃的另一端,完成哑铃模型的制作,效果如图3-151所示。

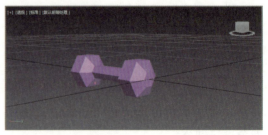

图3-151 哑铃效果

【步骤10】保存文件,并命名为"哑铃.max"。

项目总结

在本项目中，主要学习了一些修改器的使用方法，修改器是三维效果图制作中常用的修改工具，使用修改器可以将二维图形处理成三维对象，还可以修改三维对象的效果等。同时还学习了放样建模、布尔建模、多边形建模等几种特殊的建模方法，这几种建模技术在效果图制作中应用比较广泛。因此，需要掌握每一种建模方法的技术要领。

至此，大家已经学完了 3ds Max 2017 的主要建模方法。建模是进行三维创作的基础，熟练掌握各种建模方法是创作优秀作品的必要条件之一。在实际工作中各种建模方法都是综合使用的，具体使用什么方法和怎么用这些方法是建模的关键，对此要多练习。

项目评价

在本项目中，使用车削、放样、布尔、多边形等方法创建模型，通过对本项目内容的学习，下面给自己做个评价吧。

	很满意	满意	还可以	不满意
任务完成情况				
与同组成员沟通及协调情况				
知识掌握情况				
体会与经验				

实战强化

1. 使用"放样"制作一个窗帘，如图 3-152 所示。

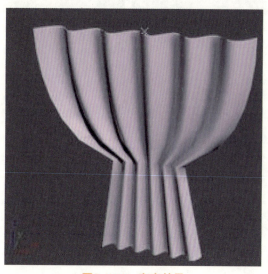

图3-152　窗帘效果

提示：

(1)在顶视图中创建一个光滑的曲线。

(2)在前视图中创建一条直线。

(3)选择直线，执行"符合对象"→"放样"命令，单击"获取图形"按钮后，单击光滑曲线。

(4)选择放样"loft"，在变形中选择"缩放"命令，打开"缩放变形器"，修改变形曲线，如图3-152所示。

2.利用"车削"的方法制作花瓶，如图3-153所示。

提示：

(1)在前视图中绘制曲线，调整曲线光滑度。

(2)为曲线添加"车削"修改器，"度数"设置为360°，选中"焊接内核"复选框。

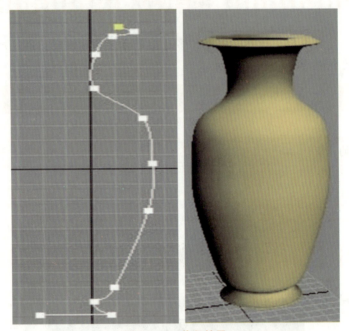

图3-153　花瓶效果

项目 4

3ds Max 2017 材质与贴图

- ■ 为古典椅子添加材质
- ■ 光线跟踪材质——制作灯泡
- ■ 多维/子对象材质——制作骰子
- ■ 制作迷宫

在 3ds Max 中，材质和贴图主要用于描述对象表面的物质形态，构造真实世界中自然物质表面的视觉效果。不同的材质和贴图能够给人们带来不同的视觉感受，因此它们是 3ds Max 中营造客观事物真实效果的最有效手段之一。

例如，使用材质可以使苹果显示为红色，橘子显示为橙色；可以为铬合金添加光泽，为玻璃添加抛光。使用贴图可以将图像、图案或表面纹理添加到对象。

材质主要用来模拟物体的各种物理特性，它可以看成是材料和质感的结合，如玻璃、金属等。在渲染过程中，材质是模型表面各可视属性的结合，如色彩、纹理、光滑度、透明度、反射率、折射率和发光度等。正是有了这些属性，才使场景更加具有真实感。

贴图是一个物体的表面纹理，简单地说就是附着到材质上的图像，通常可把它想象成 3D 模型的"包装纸"。

任务1　为古典椅子添加材质

任务分析

3ds Max 主要是利用材质编辑器来创建、编辑和为模型指定材质的。通过这个简单的任务，了解并掌握材质编辑器的使用方法，然后学习创建材质，为场景中的对象指定材质，以及保存材质的方法。

任务实施

1. 创建材质

创建材质就是为当前示例窗中的材质指定一种新的材质类型或指定一种创建好的材质，并利用"材质编辑器"下方的参数堆栈列表对材质进行参数设置，从而创

为古典椅子添加材质

建出需要的材质。

（1）打开素材及材质编辑器。打开本书提供的素材文件"椅子.max"，选择"渲染"→"材质编辑器"命令（或按 M 键），打开"材质编辑器"对话框，单击任一未使用的材质球，然后在下方的编辑框中将其命名为"木质"，再单击材质编辑器工具栏中的"获取材质"按钮 ，如图 4-1（a）所示。

（2）选择材质类型。在"材质/贴图浏览器"对话框"浏览自"选项区域设置材质的来源，这里选中"新建"单选按钮，然后在右侧双击选择系统提供的"标准"材质类型，单击"确定"按钮关闭"材质/贴图浏览器"对话框，如图 4-1（b）所示。

ⓐ　　　　　　ⓑ

图4-1　选择材质类型

（3）设置参数。下面使用"材质编辑器"下方参数堆栈列表中的选项设置当前材质球参数。首先单击"Blinn 基本参数"卷展栏"漫反射"后的"无"按钮，打开"材质/贴图浏览器"对话框，双击"位图"贴图类型，在弹出的对话框中选择本书配套素材"木纹.jpg"文件，单击"打开"按钮，如图 4-2 所示。

项目 4　3ds Max 2017 材质与贴图

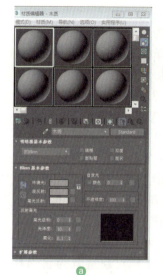

图4-2　选择贴图图像

（4）设置位图和材质参数。此时"材质编辑器"的参数堆栈列表变为设置当前所选子对象（位图贴图）的设置界面，这里保持默认设置，单击工具栏中的"转到父对象"按钮，如图4-3（a）所示，回到编辑"木质"材质的父界面。

如图4-3（b）所示，将"高光级别"设置为"130"，光泽度设置为"30"，到此，便完成了第一个材质的创建，用户可继续选择其他空材质球，创建其他材质。

图4-3　设置位图和材质参数

2. 分配材质

分配材质就是将创建的材质应用到对象中，以模拟其表面纹理、透明情况、对光线的反射或折射程度等，下面承接前面的操作介绍如何分配材质。

选中场景中要分配材质的椅子对象，选中已创建好的要使用其材质的材质球，单击"材质编辑器"工具栏中的"将材质指定给选定对象"按钮，即可将该材质分配给椅子对象，如图4-4（b）所示，效果如图4-4（c）所示（如果在材质中使用了贴图，还需要单击"材质编辑器"工具栏中的"在视口中显示标准贴图"按钮，才能在场景中显示贴图效果）。

图4-4　分配材质

3. 保存材质

保存材质就是将材质以材质库的形式保存起来，便于在其他场景中调用。

（1）将材质添加到材质库中。选中前面创建好的材质球，单击"材质编辑器"横向工具栏中的"放入库"按钮，打开"放置到库"对话框，单击"确定"按钮，将"木纹"材质添加到当前场景所使用的材质库中，如图4-5所示。

图4-5　将材质添加到材质库中

（2）保存材质库。参照前述操作，在"材质编辑器"中单击"获取材质"按钮，在打开的"材质/贴图浏览器"对话框中，单击按钮，在打开的列表框中选择"新材质库"选项，在打开的"创建新材质

85

库"对话框中输入保存位置和文件名保存,即可完成材质库的保存,如图4-6所示。

图4-6 保存材质库

必备知识

1. 认识材质编辑器

材质编辑器提供创建和编辑材质以及贴图的功能。要打开"材质编辑器",可单击工具栏上的"材质编辑器"按钮,或者按 M 键,或者选择"渲染"→"材质编辑器"命令。

"材质编辑器"由顶部的菜单栏、示例窗、工具栏和多个卷展栏(参数堆栈列表,其内容取决于活动的材质)组成。3ds Max 2017 有两种显示模式:精简材质编辑器和 Slate 材质编辑器,如图4-7所示。

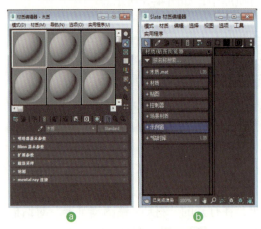

图4-7 材质编辑器

(1)示例窗。

示例窗又称为"样本槽"或"材质球",主要用来选择材质和预览材质的调整效果。当右击活动示例窗时,会弹出一个快捷菜单,如图4-8所示。

快捷菜单中各选项的意义如下。

拖动/复制:选中此选项后,可利用拖动方式将材质从一个示例窗拖到另一个示例窗,覆盖目标示例窗中的材质;或者将示例窗中的材质应用到场景中的对象上。

拖动/旋转:选中此选项后,在示例窗中进行拖动将会旋转采样对象。

重置旋转:将采样对象重置为它的默认方向。

渲染贴图:渲染当前贴图,创建位图或 AVI 文件。

选项:显示"材质编辑器"对话框。

放大:生成当前示例窗的放大视图。放大的示例显示在浮动的窗口中。

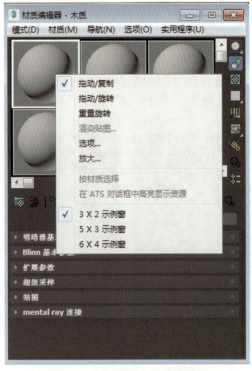

图4-8 示例窗的右键快捷菜单

(2)工具栏。

材质编辑器中有纵向和横向两个工具

栏，这两个工具栏为用户提供了一些获取、分配和保存材质，以及控制示例窗外观的快捷工具按钮。示例窗下方和右侧各按钮的作用如下。

获取材质：可以打开"材质/贴图浏览器"对话框，从中可以为活动的示例窗选择材质或贴图。

将材质放入场景：在编辑好材质后，单击该按钮可更新已应用于对象的材质。

将材质指定给选定对象：将活动示例窗中的材质应用于场景中选定的对象。

重置贴图/材质为默认设置：将当前材质或贴图的参数恢复为系统默认。

生成材质副本：在活动示例窗中创建当前材质的副本。

使唯一：将实例化的材质设置为独立的材质。

放入库：将当前材质添加到场景使用的材质库中。

材质 ID 通道：为应用后期制作效果设置唯一的 ID 通道。

在视口中显示贴图：在视口的对象上显示 2D 材质贴图。

显示最终结果：在实例图中显示材质及应用的所有层次。

转到父对象：在当前材质中向上移动一个层级。

转到下一个同级项：移动到当前材质中相同层级的下一个贴图或材质。

采样类型：选择示例窗中显示的对象类型，默认为球体类型，或者圆柱体和立方体类型。

背光：打开或关闭活动示例窗中的背景灯光。

背景：将多颜色的方格背景添加到活动示例窗中。如果要查看不透明度和透明度的效果，可以选择该图案背景。

采样 UV 平铺：为活动示例窗中的贴图设置 UV 平铺显示。

视频颜色检查：检查示例窗中的材质颜色是否超过安全 NTSC 或 PAL 阈值。

生成预览、播放预览、保存预览：使用动画贴图向场景添加运动。

材质编辑器选项：控制如何在示例窗中显示材质和贴图。

按材质选择：基于"材质编辑器"中的活动材质选择对象。

材质/贴图导航器：打开"材质/贴图导航器"对话框，该对话框列出了当前材质的子材质树和使用的贴图，单击子材质或贴图，在"材质编辑器"的参数堆栈列表中就会显示出该子材质或贴图的参数。

（3）参数堆栈列表。该区中列出了当前材质或贴图的参数，调整这些参数即可调整材质或贴图的效果。

2. 材质与贴图概述

常用材质有以下几种。

（1）标准材质。

标准材质是 3ds Max 中默认且使用最多的材质，它可以提供均匀的表面颜色效果，还可以模拟发光和半透明等效果，常用来模拟玻璃、金属、陶瓷、毛发等材料。

下面介绍标准材质中常用的参数。

① "明暗器基本参数"卷展栏。该卷展栏中的参数主要用于设置材质使用的明暗器和渲染方式，如图 4-9 所示。

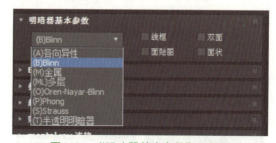

图4-9 "明暗器基本参数"卷展栏

"明暗器基本参数"卷展栏各参数的作用如下。

明暗器下拉列表框：单击该下拉按钮，在弹出的下拉列表中选择相应的明暗器，即可更改材质使用的明暗器，如图 4-10 所示。

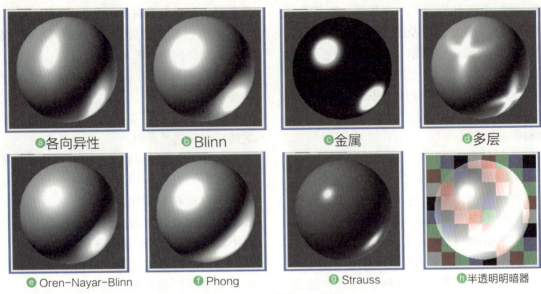

图4-10 各明暗器的高光效果

线框 / 双面 / 面贴图 / 面状：这4个复选框用于设置材质的渲染方式。"线框"表示以线框方式渲染对象；"双面"表示为对象表面的正反面均应用材质；"面贴图"表示为对象中每个面均分配一个贴图图像；"面状"表示将对象的各个面以平面方式渲染，不进行相邻面的平滑处理，如图4-11所示。

图4-11 不同渲染方式下茶壶的渲染效果

② "半透明基本参数"卷展栏。该卷展栏中的参数用于设置材质中各种光线的颜色和强度，不同的明暗器具有不同的参数，如图4-12所示。

"半透明基本参数"卷展栏各参数的作用如下。

环境光 / 高光反射 / 漫反射：设置对象表面阴影区、高光反射区（即物体被灯光照射时的高亮区）和漫反射区（即阴影区与高光反射区之间的过渡区，该区中的颜色是用户观察到的物体表面的颜色）的颜色，如图4-13所示。

自发光：设置物体的自发光强度。选中"颜色"复选框，该区中的编辑框将变为颜色框，此时可利用该颜色框设置物体的自发光颜色。

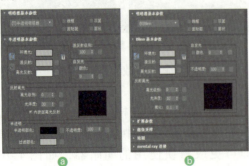

图4-12 半透明明暗器和Blinn明暗器的基本参数

图4-13 各颜色在物体中对应的区域

透明度/不透明度：设置物体的透明/不透明程度。

高光级别：设置物体被灯光照射时，表面高光反射区的亮度。

光泽度：设置物体被灯光照射时，表面高光反射区的大小。

过滤颜色：设置透明对象的过滤的色（即穿过透明对象的光线的颜色）。

③ "扩展参数"卷展栏。该卷展栏中的参数用于设置材质的高级透明效果，渲染时对象中网格线框的大小，以及物体阴影区反射贴图的暗淡效果，如图4-14所示。

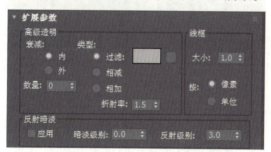

图4-14 "扩展参数"卷展栏

"扩展参数"卷展栏各参数具体作用如下。

衰减：该区中的参数用于设置材质的不透明衰减方式和衰减结束位置材质的透明度，如图4-15所示。

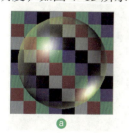 

图4-15 不同衰减方向材质的透明效果

类型：该区中的参数用于设置材质的透明过滤方式和折射率，如图4-16所示。

图4-16 不同透明过滤方式材质的效果

反射暗淡：该区中的参数用于设置物体各区域反射贴图的强度，其中，"暗淡级别"编辑框用于设置物体阴影区反射贴图的强度；"反射级别"编辑框用于设置物体非阴影区反射贴图的强度。调整暗淡级别时反射贴图的效果，如图4-17所示。

图4-17 调整暗淡级别时阴影区反射贴图的效果

折射率：设置折射贴图和光线跟踪所使用的折射率（IOR）。折射率用来控制材质对透射灯光的折射程度。例如，1.0为空气的折射率，表示透明对象后的对象不会产生扭曲；折射率为1.5，后面的对象就会发生严重扭曲，就像玻璃球一样；对于略低于1.0的折射率，对象沿其边缘反射，如从水面下看到的气泡。

④ "贴图"卷展栏。该卷展栏为用户提供了多个贴图通道，使用这些贴图通道可以为材质添加贴图，如图4-18所示。

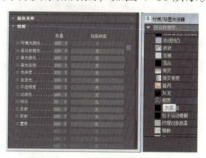

图4-18 为贴图通道添加贴图

过滤色：可以为该通道指定贴图控制透明物体各部分的过滤色，常为该通道指定贴图来模拟彩色雕花玻璃的过滤色，如图4-19所示。

图4-19 过滤色通道的贴图效果

凹凸：可以为该通道指定贴图控制物体表面各部分的凹凸程度，产生类似于浮雕的效果，如图4-20所示。

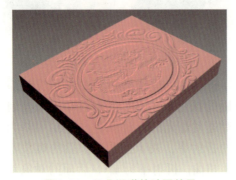

图4-20 凹凸通道的贴图效果

反射/折射：可以为这两个通道指定贴图分别模拟物体表面的反射效果和透明物体的折射效果。反射和折射通道的贴图效果如图4-21和图4-22所示。

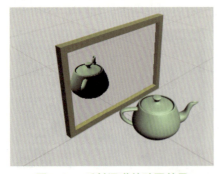

图4-21 反射通道的贴图效果

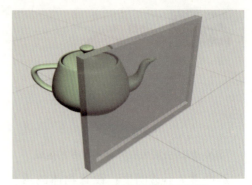

图4-22 折射通道的贴图效果

⑤ "超级采样"卷展栏。启用局部超级采样器：选中该复选框后，对所有的材质应用相同的超级采样器。取消选中该复选框后，将材质设置为使用全局设置，该全局设置由渲染对话框中的设置控制，如图4-23所示。

图4-23 "超级采样"卷展栏

（2）光线跟踪材质。

光线跟踪材质是一种比标准材质更高级的材质，它不仅具有标准材质的所有特性，还可以创建真实的反射和折射效果，并且支持雾、颜色密度、半透明、荧光等特殊效果，主要用于制作玻璃、液体和金属材质。使用光线跟踪材质模拟的玻璃和金属材质的效果，如图4-24所示。

图4-24 光线跟踪材质的渲染效果

(3)复合材料。

标准材质和光线跟踪材质只能体现出物体表面单一材质的效果和光学性质,但真实场景中的色彩更复杂,仅使用单一的材质很难模拟出物体的真实效果。因此,3ds Max 为用户提供了另一类型的材质——复合材质。3ds Max 中常用的复合材质为双面材质,该材质包括正面材质(分配给物体的外表面)和背面材质(分配给物体的内表面),如图 4-25 所示。

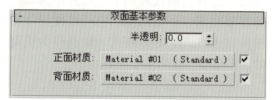

图4-25 双面材质的参数

(4)混合材质。

混合材质是根据混合量(或混合曲线)将两个子材质混合在一起后分配到物体表面(也可以指定一个遮罩贴图,此时系统将根据贴图的灰度决定两个材质的混合程度),如图 4-26 所示。

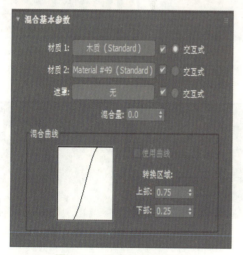

图4-26 混合材质的参数

(5)多维/子对象材质。

多维/子对象材质多用于为可编辑多边形、可编辑网格、可编辑面片等对象的表面分配材质,分配时,材质 ID 为 N 的子材质只能分配给对象表面中材质 ID 为 N 的部分。

(6)Ink'n Paint 材质。

Ink'n Paint 材质常用来创建卡通效果,与其他大多数材质提供的三维真实效果不同,Ink'n Paint 材质提供带有"墨水"边界的平面明暗处理,如图 4-27 所示。

图4-27 应用Ink'n Paint材质的效果

Ink'n Paint 材质有"基本材质扩展""绘制控制""墨水"等卷展栏,如图 4-28 所示。

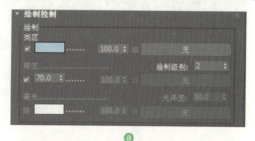

图4-28 Ink'n Paint材质的"绘制控制"和"墨水"卷展栏

常用选项的作用如下。

亮区：为对象中亮的一面的填充颜色。默认设置为淡蓝色。

暗区：左侧编辑框中的值为显示在对象非亮面的亮色的百分比。

高光：反射高光的颜色。

墨水：选中该复选框时，会对渲染施墨。

墨水质量：影响画刷的形状及其使用的示例数量。

墨水宽度：以像素为单位的墨水宽度。

可变宽度：选中该复选框后，墨水宽度可以在墨水宽度的最大值和最小值之间变化。使用了"可变宽度"的墨水比固定宽度的墨水看起来更加流线化。

轮廓：设置对象外边缘处（相对于背景）或其他对象前面的墨水。

重叠：设置当对象的某部分自身重叠时所使用的墨水。

延伸重叠：与重叠相似，但将墨水应用到较远的曲面而不是较近的曲面。

3. 贴图类型

（1）位图：位图类属于二维图像，只能贴附于模型表面，没有深度，主要用于模拟物体表面的纹理图案，或者作为场景的背景贴图、环境贴图。它可以使用位图图像或 AVI、MOV 等格式的动画作为模型的表面贴图，如图 4-29 所示。

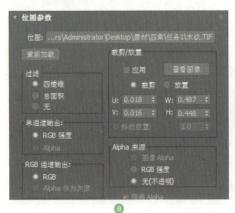 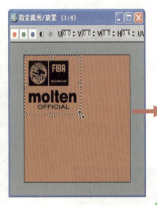 

图 4-29　裁剪/放置位图贴图图像

（2）渐变：渐变贴图用于产生 3 个颜色间线性或径向的渐变效果；渐变坡度贴图类似于渐变贴图，它可以产生多种颜色间的渐变效果，且渐变类型更多，如图 4-30 和图 4-31 所示。

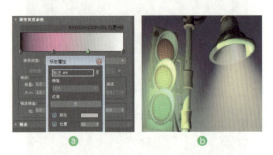

图 4-31　渐变坡度贴图的参数和效果

（3）棋盘格：该贴图会产生两种颜色交错的方格图案，常用于模拟地板、棋盘等物体的表面纹理，如图 4-32 所示。

图 4-30　渐变贴图的参数和效果

图4-32 棋盘格贴图

（4）平铺：又称为瓷砖贴图，常用来模拟地板、墙砖、瓦片等物体的表面纹理，如图4-33所示。

图4-33 平铺贴图

（5）旋涡：该贴图通过对两种颜色（基本色和旋涡色）进行旋转交织，产生旋涡或波浪效果，如图4-34所示。

图4-34 旋涡贴图

（6）细胞：该贴图可以生成各种细胞效果的图案，常用于模拟铺满马赛克的墙壁、鹅卵石的表面和海洋的表面等，如图4-35所示。

图4-35 细胞贴图

（7）凹痕：该贴图可以在对象表面产生随机的凹陷效果，常用于模拟对象表面的风化和腐蚀效果，如图4-36所示。

图4-36 凹痕贴图

（8）大理石：该贴图可以生成带有随机色彩的大理石效果，常用于模拟大理石地板的纹理或木纹纹理，如图4-37所示。

图4-37 大理石贴图

（9）烟雾：该贴图可以创建随机的、不规则的丝状、雾状或絮状的纹理图案，常用于模拟烟雾或其他云雾状流动的图案效果，如图4-38所示。

图4-38 烟雾贴图

（10）灰泥：该贴图可以创建随机的表面图案，主要用于模拟墙面粉刷后的凹凸效果，如图4-39所示。

图4-39 灰泥贴图

（11）木材：该贴图是对两种颜色进行处理产生木材的纹理效果，并可控制纹理的方向、粗细和复杂度，如图4-40所示。

图4-40　木材贴图

（12）RGB倍增：该贴图通过对两种颜色或两个贴图进行相乘，增加贴图图像的对比度，其参数如图4-41所示。

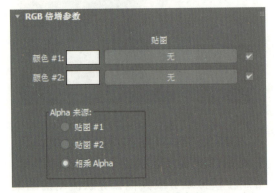

图4-41　RGB倍增的参数

（13）合成：该贴图是将多个贴图组合在一起，使用贴图自身的Alpha通道，彼此覆盖，从而决定彼此间的透明度。

（14）混合：该贴图类似于混合材质，它是将两种颜色或两个贴图根据指定的贴图图像或混合曲线混合在一起，如图4-42所示。

图4-42　混合贴图的参数和效果

（15）颜色修改器：颜色修改器贴图好比一个简单的图像处理软件，通过颜色修改器贴图可以调整指定贴图图像的颜色。颜色修改器贴图包含"RGB染色""顶点颜色"和"输出"3种贴图。其中，"RGB染色"贴图是通过调整贴图图像中3种颜色通道的值来改变图像的颜色或色调的；为对象添加"顶点颜色"贴图后可以通过"顶点绘制"修改器、"顶点属性"卷展栏等设置可编辑多边形、可编辑网格等对象中顶点子对象的颜色。

（16）薄壁折射：该贴图只能用于折射贴图通道，以模拟透明或半透明物体的折射效果。

（17）反射/折射：使用的通道不同，该贴图的效果也不相同，作为反射通道的贴图时模拟物体的反射效果，作为折射通道的贴图时模拟物体的折射效果，如图4-43和图4-44所示。

图4-43　玻璃的折射效果

图4-44　玻璃的反射效果

（18）光线跟踪：该贴图与光线跟踪材质类似，可以为物体提供完全的反射和折射效果，但渲染的时间较长，使用时通常将贴图通道的数量设置为较小的值。

（19）平面镜：此贴图只能用于反射贴图通道，以产生类似镜子的反射效果，如图4-44所示是为玻璃的反射贴图通道添加

"平面镜"贴图的效果。

（20）每像素摄影机贴图：此贴图方式是将渲染后的图像作为物体的纹理贴图，以当前摄影机的方向贴在物体上，主要用作 2D 无光贴图的辅助贴图。

任务拓展

为咖啡杯添加材质——标准材质

【步骤1】打开本书提供的素材文件"咖啡杯模型.max"，然后在"材质编辑器"对话框中，任选一未使用的材质球分配给汤匙模型，并更改材质的名称和明暗器类型，如图 4-45 所示。

图4-45 创建材质

【步骤2】在"金属基本参数"卷展栏中调整金属材质的基本参数，然后为材质的"反射"贴图通道添加位图贴图"不锈钢.jpg"，以模拟材质的反射效果，如图 4-46 和图 4-47 所示。

图4-46 设置材质参数（1）

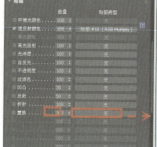

图4-47 设置材质参数（2）

【步骤3】再选择一未使用的材质球，分配给咖啡杯和杯座，并更改其名称为"陶瓷"，调整其参数，再为材质的"反射"贴图通道添加"光线跟踪"贴图，以模拟陶瓷材质的反射效果，如图 4-48 所示。至此就完成了咖啡杯材质的添加。

图4-48 添加材质

【步骤4】对透视图进行快速渲染，即可观察到汤匙和咖啡杯快速渲染的效果，如图 4-49 所示。

图4-49 渲染后效果

任务2 光线跟踪材质——制作灯泡

任务分析

光线跟踪材质可以真实地模拟光的某些物理性质，光线跟踪常用来表现透明物体的物理特性。它支持漫反射表面着色、颜色密度、半透明、荧光等效果。与"反射/折射"贴图相比，使用光线跟踪材质生成的反射和折射效果更精确，但是渲染光线跟踪对象会更慢。

首先通过创建曲线，并对曲线进行轮

95

廓处理和车削处理创建灯泡模型；其次为灯泡罩和灯芯玻璃调制光线跟踪材质，为灯泡底部、底部螺旋线和桌面调制标准材质；最后对灯泡进行渲染。

任务实施

灯泡建模

1. 灯泡建模

（1）绘制灯泡罩。

单击"图形"创建面板"样条线"分类中的"线"按钮，在前视图中绘制一条开放曲线，并将其命名为"灯泡罩"，如图4-50所示。在"修改"面板的修改器堆栈中将"灯泡罩"的修改对象设置为"样条线"子对象，然后框选视图中的样条线，在"几何体"卷展栏中"轮廓"按钮右侧的文本框中输入"-2"，并按Enter键，如图4-51所示。

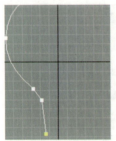 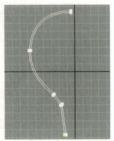

图4-50　绘制开放曲线　　图4-51　对"灯泡罩"进行轮廓处理

（2）车削完成灯泡罩模型。

为"灯泡罩"添加"车削"修改器，然后在"参数"卷展栏中设置其参数，如图4-52所示。

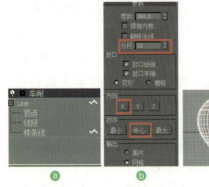

图4-52　为"灯泡罩"添加"车削"修改器

（3）创建底座。

在前视图中绘制一条开放曲线，并将其命名为"底座"，如图4-53所示。将"底座"的修改对象设置为"样条线"子对象，然后对其进行轮廓处理，并将轮廓量设置为"-2"。为"底座"添加"车削"修改器，并在"参数"卷展栏中设置其参数，如图4-54所示。

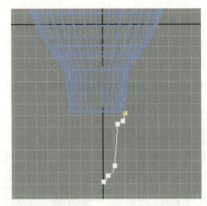

图4-53　绘制开放曲线

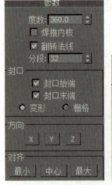 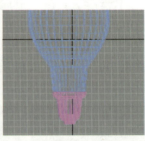

图4-54　为"底座"添加"车削"修改器

（4）创建螺旋线。

单击"图形"创建面板"样条线"分类中的"螺旋线"按钮，在顶视图中创建一条螺旋线，并在"参数"卷展栏中设置其参数，在前视图中调整其位置，如图4-55所示。在"渲染"卷展栏中选中"在渲染中启用"和"在视口中启用"复选框，并将"厚度"设置为"4.0"，如图4-56所示。

项目 4　3ds Max 2017 材质与贴图

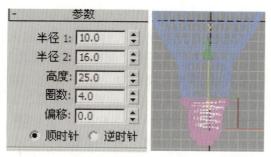

图 4-55　创建螺旋线

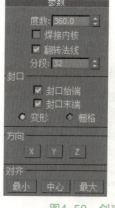

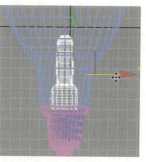

图 4-58　创建"玻璃灯芯"模型

图 4-56　设置螺旋线的渲染参数

（5）创建灯芯。

在前视图中绘制一条开放曲线,并将其命名为"玻璃灯芯",如图 4-57 所示。然后为其添加"车削"修改器,并在"参数"卷展栏中设置其参数,在视图中调整"玻璃灯芯"的位置,如图 4-58 所示。

（6）创建钨丝。

在前视图中绘制一条开放曲线,并将其命名为"钨丝",然后在"渲染"卷展栏中选中"在渲染中启用"和"在视口中启用"复选框,并将"厚度"设置为"1.0",如图 4-59 所示。在视图中将"钨丝"复制 3 次,并调整其角度和位置,如图 4-60 所示。

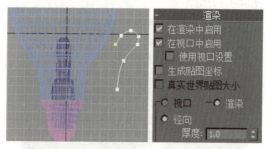

图 4-59　创建"钨丝"并设置其渲染参数

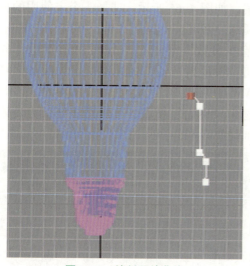

图 4-57　绘制开放曲线

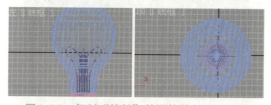

图 4-60　复制"钨丝"并调整其角度和位置

2. 制作材质

（1）调制"灯罩"材质。

按 M 键打开材质编辑器,然后选择一未使用的材质球,将其命名为"灯罩材质",单击 Standard 按钮,在打开的"材质/贴图浏览器"对话框中双击"光线跟踪"选项,再在"光线跟踪基本参数"卷展栏

制作灯泡材质

97

中设置材质参数，如图4-61所示。选中"灯罩"模型，然后单击 按钮，为"灯罩"模型添加材质。

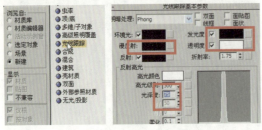

图4-61 调制"灯罩材质"

（2）调制"灯芯材质"。

在材质编辑器中选择一个未使用的材质球，并命名为"灯芯材质"，然后将材质类型设置为"光线跟踪"，在"光线跟踪基本参数"卷展栏中设置材质参数，如图4-62所示。选中"玻璃灯芯"和"钨丝"模型，单击 按钮，为其添加材质，如图4-63所示。

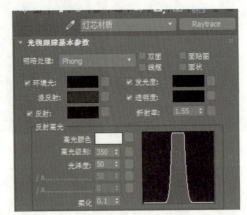

图4-62 调制"灯芯材质"

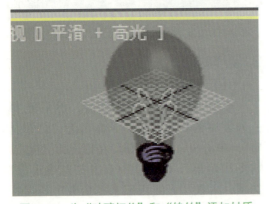

图4-63 为"玻璃灯芯"和"钨丝"添加材质

（3）调制"底座"材质。

选择一个未使用的材质球，命名为"金属材质"，然后在"明暗器基本参数"卷展栏中将类型设置为"金属"，在"金属基本参数"卷展栏中设置材质参数，如图4-64所示。单击"按名称选择"按钮 ，选中视图中的"底座"和"螺旋线"，然后单击 按钮，为其添加材质。

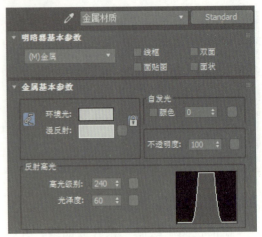

图4-64 调制"金属材质"

（4）创建桌面及材质。

在顶视图中创建一个平面，并将其命名为"桌面"，然后调整灯泡的角度和位置，如图4-65所示。选择一个未使用的材质球，命名为"桌面材质"，然后在"Blinn基本参数"卷展栏中设置材质参数，并将"漫反射"通道的贴图指定为配套素材WW-108.jpg图像文件，如图4-66所示。选中"桌面"模型，单击 按钮，为其添加材质。

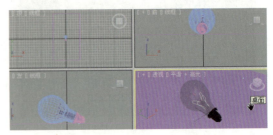

图4-65 创建"桌面"并调整灯泡位置

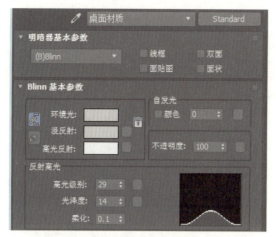

图4-66 调制"桌面材质"

3. 渲染

选择"渲染"→"渲染"命令,或者按F9键进行渲染,其效果如图4-67所示。

图4-67 渲染效果

必备知识

光线跟踪材质是一种比标准材质更高级的材质,它不仅具有标准材质的所有特性,还可以创建真实的反射和折射效果,并且支持雾、颜色密度、半透明、荧光等特殊效果,主要用于制作玻璃、液体和金属材质。下面将介绍光线跟踪材质的参数。

1. "光线跟踪基本参数"卷展栏

光线跟踪材质的基本参数卷展栏与标准材质的基本参数类似,可以设置其环境光、漫反射光、反射高光等,如图4-68所示。

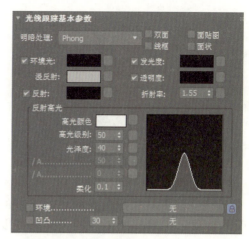

图4-68 "光线跟踪基本参数"卷展栏

2. "扩展参数"卷展栏

"扩展参数"卷展栏主要用于调整光线跟踪材质的特殊效果、透明度属性和高级反射率等,如图4-69所示。

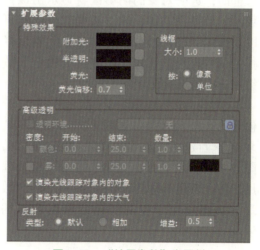

图4-69 "扩展参数"卷展栏

"扩展参数"卷展栏各参数作用如下。

附加光:类似于环境光,用于模拟其他物体映射到当前物体的光线。例如,可使用该功能模拟强光下白色塑料球表面映射旁边墙壁颜色的效果。

半透明:设置材质的半透明颜色,常用来制作薄物体的透明色或模拟透明物体内部的雾状效果。例如,使用该功能制作的蜡烛,如图4-70所示。

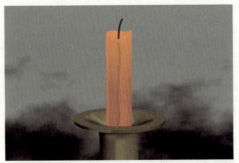

图4-70 使用"半透明"功能制作的蜡烛

荧光：设置材质的荧光颜色，下方的"荧光偏移"编辑框用于控制荧光的亮度（1.0表示最亮，0.0表示无荧光效果）。需要注意的是，使用"荧光"功能时，无论场景中的灯光是什么颜色，分配该材质的物体只能发出类似黑色灯光下荧光的颜色。

透明环境：类似于环境贴图，选中该复选框时，透明对象的阴影区将显示出该参数指定的贴图图像，同时透明对象仍然可以反射场景的环境或"基本参数"卷展栏指定的"环境"贴图（右侧的"锁定"按钮用于控制该参数是否可用）。

密度：该参数区中，"颜色"多用于创建彩色玻璃效果，如图4-71所示；"雾"多用于创建透明对象内部的雾效果，如图4-72所示。"开始"和"结束"编辑框用于控制颜色和雾的开始、结束位置，"数量"编辑框用于控制颜色的深度和雾的浓度。

图4-71 使用颜色密度模拟彩色玻璃效果

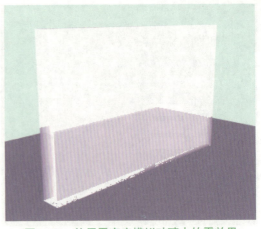

图4-72 使用雾密度模拟玻璃内的雾效果

反射：该区中的参数用于设置具有反射特性的材质中漫反射区显示的颜色。选中"默认"单选按钮时，显示的是反射颜色；选中"相加"单选按钮时，显示的是漫反射颜色和反射颜色相加后的新颜色；"增益"编辑框用于控制反射颜色的亮度。

3. "光线跟踪器控制"卷展栏

"光线跟踪器控制"卷展栏中的参数主要用于设置光线跟踪材质自身的操作，以调整渲染的质量和渲染速度，如图4-73所示。

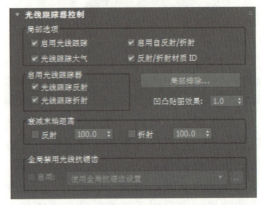

图4-73 "光线跟踪器控制"卷展栏

"光线跟踪器控制"卷展栏各参数作用如下。

启用光线跟踪：启用或禁用光线跟踪。禁用光线跟踪时，光线跟踪材质和光线跟踪贴图仍会反射/折射场景和光线跟踪材质的环境贴图。

启用自反射/折射：启用或禁用对象的

自反射/折射。默认为启用，此时对象可反射/折射自身的某部分表面，如茶壶的壶体反射壶把。

光线跟踪大气： 控制是否进行大气效果的光线跟踪计算（默认为启用）。

反射/折射材质 ID： 控制是否反射/折射应用到材质中的渲染特效。例如，为灯泡的材质指定光晕特效，旁边的镜子使用光线跟踪材质模拟反射效果；选中此复选框时，在渲染图像中，灯泡和镜子中的灯泡均有光晕；否则，镜子中的灯泡无光晕。

启用光线跟踪器： 该选项区域中的参数用于设置是否光线跟踪对象的反射/折线光线。

局部排除： 单击此按钮将打开"排除/包含"对话框，使用该对话框可排除场景中不进行光线跟踪计算的对象，如图4-74所示。

应注意光线跟踪材质各参数的作用，特别应注意"透明度"和"折射率"选项。前者决定了添加材质的对象的透明度，后者决定了该对象的折射率。不同物体有不同的折射率。例如，水的折射率约为1.333，玻璃的折射率为1.5~1.7，只有正确设置折射率参数，才能使渲染效果更加逼真。常用材质的折射率如表4-1所示。

表4-1 常用材质的折射率

材质	折射率	材质	折射率
空气	1.0003	液体二氧化碳	1.200
冰	1.309	水	1.333
酒精	1.329	玻璃	1.500
翡翠	1.570	红宝石/蓝宝石	1.770
钻石	2.417	水晶	2.000

任务拓展

为酒杯添加材质

【步骤1】打开本书提供的素材文件"酒杯模型.max"，然后打开材质编辑器，任选一未使用的材质球分配给酒杯模型，并命名为"酒杯"；单击 Standard 按钮，在打开的"材质/贴图浏览器"对话框更改材质的类型为"光线跟踪"，如图4-75所示。

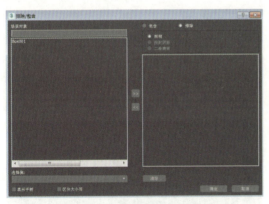

图4-74 "排除/包含"对话框

凹凸贴图效果： 设置凸凹贴图反射和折射光线的光线跟踪程度，默认为"1.0"。数值为"0"时，不进行凸凹贴图反射和折射光线的光线跟踪计算。

衰减末端距离： 该选项区域中的参数用于设置反射和折射光线衰减为黑色的距离。

全局禁用光线抗锯齿： 该选项区域中的参数用于光线抗锯齿处理的设置，只有选中"渲染"对话框"光线跟踪器"选项卡"全局光线抗锯齿器"选项区域中的"启用"复选框时，该选项区域中的参数才可用。

图4-75 创建酒杯材质

【步骤2】在"光线跟踪基本参数"卷展栏中调整酒杯材质的基本参数，完成酒杯材质的创建，如图4-76所示。

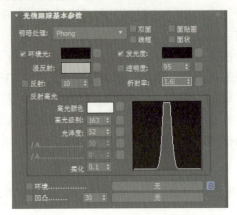

图4-76 调整酒杯材质参数

【步骤3】任选一未使用的材质球分配给红酒模型，并命名为"红酒"，然后更改材质为"光线跟踪"，"漫反射"和"透明度"颜色为深红色（12，0，0），并调整材质的基本参数，如图4-77所示。

制作骰子

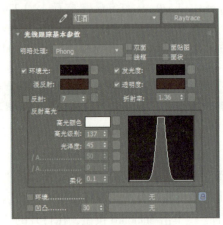

图4-77 创建红酒材质

【步骤4】打开红酒材质的"扩展参数"卷展栏，设置其扩展参数，完成红酒材质的创建。按F9键进行快速渲染即可查看分配材质后酒杯和红酒的效果，如图4-78所示。

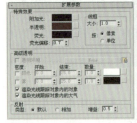 

图4-78 调整红酒材质参数并分配后渲染

任务3 多维/子对象材质——制作骰子

任务分析

多维/子对象材质多用于为可编辑多边形、可编辑网格、可编辑面片等对象的表面分配材质。分配时，材质ID为N的子材质只能分配给对象表面中材质ID为N的部分。制作骰子主要应用多维/子对象材质和凹凸贴图的应用。

首先使用多边形建模法创建骰子的基本模型，其次分别为骰子的6个面分配材质ID，然后在材质编辑器中调制多维/子对象材质，最后将材质赋予骰子。

任务实施

1. 创建骰子

（1）创建骰子模型。

在顶视图中创建一个长方体，并将其命名为"骰子"，然后在"参数"卷展栏中设置其参数，如图4-79所示。

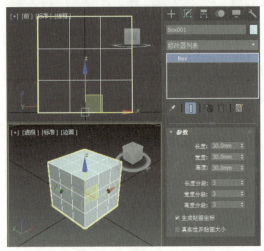

图4-79 创建长方体

（2）制作切角。

用右键菜单将"骰子"转换为可编辑多边形，然后将修改对象设置为"顶点"，

102

在顶视图和底视图中选中"骰子"8个角上的顶点，单击"编辑顶点"卷展栏中"切角"按钮右侧的"设置"按钮，在打开的"切角顶点"对话框中将"切角量"设置为"4"，再单击"确定"按钮，如图4-80所示。

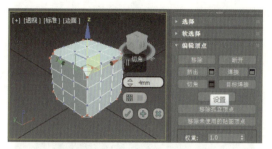

图4-80 对顶点进行切角处理

（3）制作切边。

修改对象设置为"边"子对象，然后在顶视图中选中"骰子"上方的边线，单击"编辑边"卷展栏中"切角"按钮右侧的"设置"按钮，在打开的"切角边"对话框中将"切角量"设为"1"，单击"确定"按钮，如图4-81所示；将顶视图转换为底视图，然后按照上面的操作，对骰子底部边线进行切角处理。

图4-81 对骰子顶部边线进行切角处理

（4）添加修改器。

在"修改器列表"中为"骰子"添加"网格平滑"修改器，然后在"参数"卷展栏中设置其参数，如图4-82所示。至此模型创建完成。

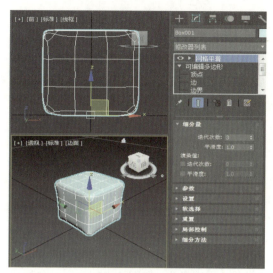

图4-82 为骰子添加"网络平滑"修改器

2. 分配模型面ID号

（1）分配全部面ID号。

在修改器堆栈中选择"可编辑多边形"修改器的"多边形"子对象，并按Ctrl+A组合键，选中全部的面，在"修改"面板"多边形：材质ID"卷展栏中的"设置ID："编辑框中输入"7"，将全部面的材质ID设置为"7"，如图4-83所示。

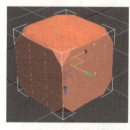 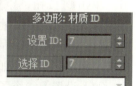

图4-83 将全部面的材质ID设置为"7"

（2）分配顶面多边形ID号。

在顶视图中选中顶面和切角的多边形，然后在"多边形：材质ID"卷展栏中的"设置ID："编辑框中输入"1"，如图4-84所示。

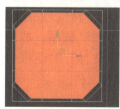 

图4-84 设置顶面多边形的材质ID号

(3)分配各视图中ID号。

按照步骤(2)将前视图中多边形的材质ID设置为"2",将左视图中多边形的材质ID设置为"3",将后视图中多边形的材质ID设置为"4",将右视图中多边形的材质ID设置为"5",将底视图中多边形的材质ID设置为"6"。

3. 调制材质

(1)将材质类型设置为"多维/子对象"。

按M键打开材质编辑器,选择一种未使用的材质球,单击Standard按钮,在打开的"材质/贴图浏览器"对话框中双击"多维/子对象",如图4-85所示。在弹出的"替换材质"对话框中选中"丢弃旧材质"单选按钮,并单击"确定"按钮。

图4-85 将材质类型设置为"多维/子对象"

(2)设置材质数量。

在"多维/子对象基本参数"卷展栏中,单击 按钮,重置贴图/材质为默认值。单击"设置数量"按钮,在打开的"设置材质数量"对话框中设置"7",然后单击"确定"按钮。如图4-86(a)所示。

(3)设置第1个子材质的参数。

单击第1个子材质的材质按钮,打开其参数堆栈列表,将"高光级别"设置为"107","光泽度"设置为"55",如图4-86(b)所示。

单击"贴图"卷展栏"漫反射颜色"通道右侧的按钮,在打开的"材质/贴图浏览器"对话框中双击"位图"选项,然后在打开的"选择位图图像文件"对话框中选中配套素材"1.jpg"图像文件。

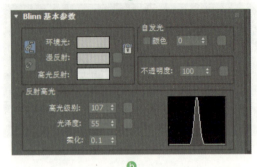

图4-86 设置材质数量及第1个子材质参数

(4)为"凹凸"通道指定贴图。

单击材质编辑器工具栏中的"转到父对象"按钮,返回第1个子材质的参数堆栈列表,单击"贴图"卷展栏中"凹凸"右侧的None按钮,在打开的对话框中双击"位图",然后在打开的"选择位图图像文件"对话框中选择配套素材"11.jpg",单击"打开"按钮,如图4-87所示。

(5)设置"凹凸"通道强度。

单击材质编辑器工具栏中的"转到父对象"按钮,将"贴图"卷展栏中"凹凸"通道的强度设置为"200",如图4-87所示。

图4-87 调制第1个子材质

（6）调制第 2~6 个子材质。

单击"转到父对象"按钮，返回多维/子材质的参数堆栈列表，参照步骤（3）~（5）的操作设置第 2~6 个子材质（为"漫反射"和"凹凸"通道指定的贴图按其名称顺延）。

（7）调制第 7 个子材质

单击第 7 个子材质的材质按钮，打开其参数堆栈列表，在"Blinn 基本参数"卷展栏中将"漫反射"的颜色设置为白色，将"高光级别"设置为"107"，将"光泽度"设置为"55"，如图 4-88 所示。

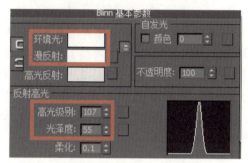

图 4-88　调制第 7 个子材质

（8）为骰子添加材质。

选中透视图中的"骰子"模型，单击材质编辑器工具栏中的"将材质指定给选定对象"按钮，为"骰子"模型添加材质，如图 4-89 所示。

4. 渲染

选择"渲染"→"渲染"命令，或者按 F9 键进行渲染，效果如图 4-90 所示。

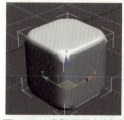 

图 4-89　为骰子添加材质　　图 4-90　渲染后的效果

必备知识

多维/子对象材质：该材质多用于为可编辑多边形、可编辑网格、可编辑面片等对象的表面分配材质。分配时，材质 ID 为 N 的子材质只能分配给对象表面中材质 ID 为 N 的部分。多维/子对象材质的参数和使用后的效果如图 4-91 所示。

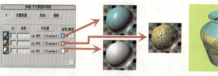

图 4-91　多维/子对象材质的参数和使用后的效果

顶/底材质：使用此材质可以为物体的顶面和底面分配不同的子材质。物体的顶面是指法线向上的面；底面是指法线向下的面。其参数和使用后的效果如图 4-92 所示。

图 4-92　顶/底材质的参数和使用后的效果

无光/投影材质：该材质主要用于模拟不可见对象，将材质分配给对象后，渲染时对象在场景中不可见，但能在其他对象上看到其投影。

多维子材质概念的提出是为了解决如何为一个模型的不同部分指定不同的材质。例如，苍蝇的翅膀和身体的感光和透光是不一样的，所以需要两种材质，如图 4-93 所示。

图 4-93　苍蝇

任务拓展

为易拉罐添加材质

【步骤 1】打开本书提供的素材文件"易拉罐模型.max"，打开材质编辑器，任选一未使用的材质球分配给易拉罐模型，并更改材质的名称和类型,单击 Standard 按钮,在"材质/贴图浏览器"对话框中,选择"双面"贴图。在弹出的对话框中选择"丢弃旧材质"选项,单击"确定"按钮,为易拉罐设置材质,如图 4-94 所示。

【步骤 2】更改易拉罐材质中正面材质的类型为"多维/子对象",并设置材质中子材质的数量为"2",如图 4-95 所示。

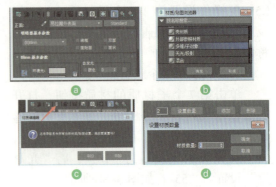

图 4-95 设置材质数量

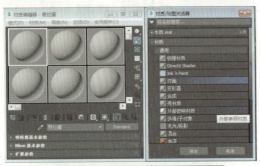

图 4-94 设置材质

【步骤 3】打开易拉罐外表面材质中 1 号子材质的参数面板,调整其基本参数,其中漫反射颜色为"220、223、227",并为反射贴图通道添加位图贴图"银白色金属.jpg",以模拟材质的反射效果,如图 4-96 所示。

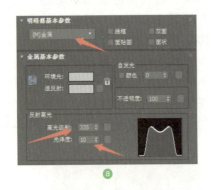

图 4-96 调制子材质

【步骤 4】打开 2 号子材质的参数面板,并调整其参数,然后为漫反射颜色贴图通道添加位图贴图"商标.jpg",并将位图贴图拖动复制到自发光贴图通道,如图 4-97 所示。

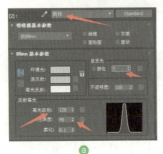

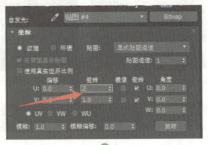

图 4-97 贴图参数设置

【步骤5】将多维/子对象材质中的"银白色金属"子材质复制到双面材质的背面材质中,完成易拉罐材质的编辑调整,如图4-98所示。

图4-98　调制背面材质

【步骤6】设置易拉罐模型的修改对象为"多边形",并将多边形的材质ID设置为"1",其他多边形的材质ID设置为"2",如图4-99所示。

 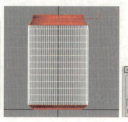

图4-99　分配ID

【步骤7】为易拉罐模型中材质ID为2的多边形添加"UVW贴图"修改器,调整其贴图坐标,完成易拉罐模型材质的创建分配,如图4-100所示。

图4-100　添加"UVW贴图"修改器

【步骤8】按F9键进行快速渲染即可查看分配材质后的效果,如图4-101所示。

图4-101　渲染效果

任务4　制作迷宫

任务分析

在制作迷宫时,首先通过创建曲线并对其进行轮廓和挤出处理创建迷宫模型;其次通过创建球体并对其顶点进行操作,制作球形天空模型;最后为迷宫、天空和地面添加材质。

任务实施

1. 创建迷宫模型

制作迷宫

(1)设置视口背景。

选中顶视图,然后选择"视图"→"视口背景"→"视口背景"命令,在打开的"视口背景"对话框中单击"背景源"选项区域中的"文件"按钮,在打开的"选择背景图像"对话框中选择配套素材"迷宫背景.jpg",如图4-102所示。

图4-102　设置视口背景

(2)显示"迷宫背景"。

在"视口背景"对话框的"纵横比"选项区域中选中"匹配视口"单选按钮,单击"确定"按钮,即可在顶视图中显示"迷宫背景"的图像。

(3)创建曲线。

单击"图形"创建面板"样条线"分类中的"线"按钮,在顶视图中沿"迷宫背景"中的红线绘制曲线,然后将绘制完成的曲线附加到同一可编辑样条线中,并命名为"迷宫"。

取消选中"视图"→"视口背景"→"显示背景"复选框,隐藏"迷宫背景"图

107

像，效果如图 4–103 所示。

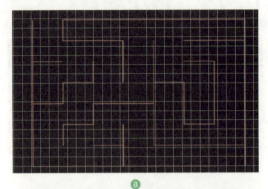

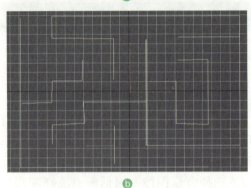

图4–103　创建曲线并隐藏背景图像

（4）对迷宫进行挤出处理。

在"修改"面板中将"迷宫"的修改对象设置为"样条线"子对象，然后框选顶视图中的全部样条线，在"几何体"卷展栏"轮廓"按钮右侧的编辑框中输入"2"，并按 Enter 键。为"迷宫"添加"挤出"修改器，将挤出数量设为"20.0"，如图 4–104 所示。

图4–104　迷宫挤出后的效果

2. 创建球形天空模型

（1）设置球形并缩放。

单击"几何体"创建面板"标准基本体"分类中的"球形"按钮，在顶视图中创建一个球体，并将其命名为"球形天空"，然后在"参数"卷展栏中设置其参数，将其调整为半球，如图 4–105（a）所示。

在"修改"面板中为"球形天空"添加"编辑网格"修改器，然后将修改对象设置为"顶点"子对象，在前视图中选中"球形天空"上方的顶点，单击"选择并均匀缩放"按钮对其进行缩放，如图 4–105（b）所示。

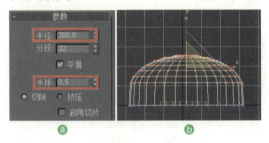

图4–105　设置球形参数并缩放顶点

（2）添加修改器。

为"球形天空"添加"法线"修改器。右击视图中的"球形天空"模型，在弹出的快捷菜单中选择"对象属性"命令，在打开的"对象属性"对话框中选中"背面消隐"复选框，单击"确定"按钮，如图 4–106 所示。

图4–106　选中"背面消隐"复选框

3. 添加材质

（1）调制"墙体"材质。

按 M 键，选中一个未使用的材质球，

命名为"墙体",然后在"Blinn 基本参数"卷展栏中设置其参数,并将"漫反射"通道的贴图指定为配套素材"绿色砖墙 .jpg",如图 4-107 所示。

(2) 添加"UVW 贴图"修改器。

在视图中选中"迷宫"模型,单击 按钮,为其添加材质,在"修改"面板中为其添加"UVW 贴图"修改器,并在"参数"卷展栏中设置其参数,如图 4-108 所示。

图 4-107　调制"墙体"材质　　图 4-108　添加"UVW 贴图"修改器

(3) 创建地面。

在顶视图中创建一个平面,并将其命名为"地面",然后在"参数"卷展栏中设置其参数,并在前视图中调整其位置,如图 4-109 所示。

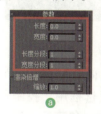
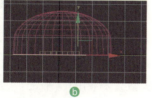

图 4-109　创建地面

(4) 调制"地面"材质。

在材质编辑器中选择一个未使用的材质球,并将其命名为"地面材质",然后在"Blinn 基本参数"卷展栏中设置其参数,并将"漫反射"通道的贴图指定为配套素材"迷宫地板 .jpg",如图 4-110 所示。

(5) 添加"UVW 贴图"修改器。

在视图中选中"地面"平面,单击 按钮,为其添加材质,在"修改"面板中为其添加"UVW 贴图"修改器,并在"参数"卷展栏中设置其参数,如图 4-111 所示。

图 4-110　调制"地面"材质　　图 4-111　添加"UVW 贴图"修改器

(6) 设置坐标参数复制贴图。

在材质编辑器中选中一未使用的材质球,命名为"天空材质",并在"Blinn 基本参数"卷展栏中设置其参数,将"漫反射"通道的贴图指定为配套素材"sky2.jpg",并在"坐标"卷展栏中设置参数,单击"材质转到父对象"按钮,将"贴图"卷展栏中"漫反射"通道中的贴图拖动复制到"自发光"通道中,如图 4-112 所示。

图 4-112　设置坐标参数复制贴图

(7) 添加"UVW 贴图"修改器。

在视图中选中"球形天空"模型,单击 按钮,为其添加材质,在"修改"面板中为其添加"UVW 贴图"修改器,并在"参数"卷展栏中设置其参数,如图 4-113 所示。

在"修改"面板的修改器堆栈中将"UVW 贴图"修改器的修改对象设置为"Gizmo"子对象,然后在前视图中沿 Y 轴调整 Gizmo 的位置。

4. 渲染

按 F9 键进行快速渲染,渲染效果如图 4-114 所示。

图4-113 添加"UVW 贴图"修改器

图4-114 效果

图方式,如图4-116所示。

向右移

图4-116 使用"环境"坐标时不同位置对象的贴图效果

在背面显示贴图：控制是否在对象的背面进行投影贴图，默认为启用（当纹理贴图的贴图方式为"对象XYZ平面"或"世界XYZ平面"，且贴图的U向平铺和V向平铺未开启时，该复选框可用）。

使用真实世界比例：选中此复选框，并选中对象"参数"卷展栏中的"真实世界贴图大小"复选框时，系统会将下方参数设置的宽度和高度作为贴图图像的长和宽，并将其投影到对象表面。

必备知识

1. 贴图的常用参数

（1）"坐标"卷展栏。该卷展栏主要用于调整贴图的坐标、对齐方式、平铺次数等，位图贴图的"坐标"卷展栏如图4-115所示。

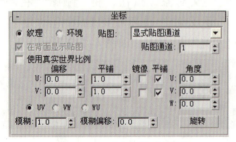

图4-115 "坐标"卷展栏

"坐标"卷展栏主要参数的作用如下。

纹理：将贴图坐标锁定到对象的表面，对象表面的贴图图像不会随对象的移动而产生变化，常用于制作对象表面的纹理效果。

"贴图"下拉列表框：用于设置该贴图坐标使用的贴图方式，默认为"显式贴图通道"（此时贴图使用下方的"贴图通道"编辑框指定的贴图通道进行贴图）。

环境：将贴图坐标锁定到场景某一特定的环境中，然后投射到对象表面，移动对象时，对象表面的贴图图像将发生变化，常用于反射、折射及环境贴图中。该贴图坐标有球形环境、柱形环境、收缩包裹环境和屏幕4种贴图方式，默认使用屏幕贴

偏移：设置贴图沿U向和V向偏移的百分比（取值范围为-1.0~1.0），（选中"使用真实世界比例"复选框时，使用这两个编辑框可设置贴图在宽度和高度方向上偏移的距离），如图4-117所示。

ⓐ ⓑ

图4-117 调整偏移值时对象的贴图效果

平铺：设置贴图沿U向和V向平铺的次数，右侧的"平铺"复选框用于控制贴图是否沿U向和V向铺满对象表面（选中"使用真实世界比例"复选框时，可使用这两个编辑框设置贴图图像的宽度和高度），如图4-118所示。

ⓐ ⓑ

图4-118 "平铺"次数对贴图效果的影响

镜像： 设置是否沿 U 向或 V 向进行镜像贴图，U 向镜像和 V 向镜像的效果如图 4-119 所示。

图4-119　贴图U向镜像和V向镜像的效果

角度： 设置贴图绕 U、V、W 方向旋转的角度，将贴图绕 W 方向旋转时的效果如图 4-120 所示。

图4-120　将贴图绕W方向旋转的效果

UV、VW、WU： 这 3 个单选按钮用来设置 2D 贴图的投影方向，选中某一单选按钮时，系统将沿该平面的法线方向进行投影。

模糊： 设置贴图的模糊基数，随贴图与视图距离的增加，模糊值由模糊基数开始逐渐变大，贴图效果也越来越模糊，如图 4-121 所示。

图4-121　"模糊"值对贴图效果的影响

模糊偏移： 该数值用来增加贴图的模糊效果，不会随视图距离的远近而发生变化。

（2）"噪波"卷展栏。使用该卷展栏中的参数可以使贴图在像素上产生扭曲，从而使贴图图案更复杂，如图 4-122 所示。

图4-122　"噪波"卷展栏及调整噪波参数前后贴图的效果

"噪波"卷展栏各参数的作用如下。

数量： 设置贴图图像中噪波效果的强度，取值范围为 0~100。

级别： 设置贴图图像中噪波效果的应用次数，级别越高，效果越复杂。

大小： 设置噪波效果相对于三维对象的比例，取值范围为 0~100，默认为 "1.0"。

动画： 选中此复选框后，可以使用下方的 "相位" 编辑框为贴图的噪波效果设置动画。相位不同，噪波效果也不相同；在固定的时间段中，相位变化越大，噪波动画的变化也越快。

（3）"时间"卷展栏。当使用动画作为位图图像时，可以使用该卷展栏的参数控制动画的开始、结束、播放速率等，如图 4-123 所示。

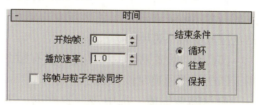

图4-123　"时间"卷展栏

"时间"卷展栏各参数的作用如下。

开始帧： 设置贴图中的动画在场景动画中的哪一帧开始播放。

播放速率： 设置贴图中动画的播放速率。

结束条件： 该选项区域中的参数用于设置动画播放结束后执行的操作。"循环"表示使动画反复循环播放；"往复"表示使动画向后播放，使每个动画序列平滑循环；"保持"表示将动画定格在最后一个画面直到场景结束。

将帧与粒子年龄同步： 选中此复选框后，系统会将位图动画的帧与贴图所应用粒子的年龄同步，使每个粒子从出生开始显示该动画，而不是被指定于当前帧。

（4）"输出"卷展栏。该卷展栏中的参数主要用于设置贴图的输出参数，以确定贴图的最终显示情况。下面重点介绍以下几个参数。

输出量： 调整贴图的色调和Alpha通道值。当贴图为合成贴图的一部分时，常使用该编辑框控制贴图被混合的量。

反转： 反转贴图的色调，使之类似彩色照片的底片。

RGB 偏移： 设置贴图RGB值增加或减少的数量。

钳制： 将贴图中任何颜色的值限制为小于1.0。如果要想增加贴图的RGB级别，但不想让贴图自发光，则需选中该复选框。

RGB 级别： 设置贴图颜色的RGB值，以调整贴图颜色的饱和度。增大此值将使贴图变得自发光，降低此值将使贴图的颜色变灰。

来自 RGB 强度的 Alpha： 选中该复选框时，系统会根据贴图中RGB通道的强度生成一个Alpha通道。黑色区域变得透明，白色区域变得不透明。

凹凸量： 设置贴图的凹凸量，只有贴图用于凹凸贴图通道时该参数才有效。

启用颜色贴图： 选中该复选框时，下方"颜色贴图"选项区域中的参数变为可用（调整该选项区域中的颜色曲线可调整贴图的色调范围，进而影响贴图的高光、中间色调和贴图的阴影，颜色曲线的调整方法类似于放样对象中的变形曲线，此处不再赘述）。

2. "UVW 贴图"修改器

贴图通道与材质ID类似，主要用于解决同一表面上无法拥有多个贴图坐标的问题，与"UVW贴图"修改器配合使用，可以使每一个贴图拥有一个独立的贴图坐标（为对象添加"UVW贴图"修改器后，在"参数"卷展栏中设置修改器使用的贴图通道，使修改器的贴图通道与贴图的贴图通道相同，此时即可使用修改器调整该贴图的贴图坐标）。

通过将贴图坐标应用于对象，"UVW贴图"修改器控制在对象曲面上如何显示贴图材质和程序材质。贴图坐标指定如何将位图投影到对象上。UVW坐标系与XYZ坐标系相似。位图的U和V轴对应于X和Y轴。对应于Z轴的W轴一般仅用于程序贴图。可在"材质编辑器"中将位图坐标系切换到VW或WU，在这种情况下，位图被旋转和投影，以使其与该曲面垂直。

使用"UVW贴图"修改器可执行以下操作。

（1）对指定贴图通道上的对象应用7种贴图坐标之一。贴图通道1上的漫反射贴图和贴图通道2上的凹凸贴图可具有不同的贴图坐标，并可以使用修改器堆栈中的两个"UVW贴图"修改器单独控制。

（2）变换贴图Gizmo以调整贴图位移。具有内置贴图坐标的对象缺少Gizmo。

（3）对不具有贴图坐标的对象（如导入的网格）应用贴图坐标。

（4）在子对象层级应用贴图。

3. 贴图通道

通过将显式贴图通道指定给位图，可为使用多个位图的材质中的每个位图控制贴图坐标的类型和贴图Gizmo的位移。在"材质编辑器"中，为每个贴图指定不同的通道编辑，然后将多个"UVW贴图"修改器添加到对象的修改器堆栈中，每个"UVW贴图"修改器设置为不同贴图通道。如果要为特定位图更改贴图类型或Gizmo的位移，可以在修改器堆栈中选择"UVW

贴图"修改器之一并更改参数。可在"编辑修改器堆栈"中更改"UVW 贴图"修改器的名称,以使修改器与位图相关。

4. 变换 UVW 贴图的 Gizmo

通过移动 Gizmo 更改贴图的位置。

"UVW 贴图"Gizmo 将贴图坐标投影到对象上。可定位、旋转或缩放 Gizmo 以调整对象上的贴图坐标;还可以设置 Gizmo 的动画。如果选择新的贴图类型,Gizmo 变换仍然生效。如果缩放球形贴图 Gizmo,并切换到平面贴图,那么还会缩放平面贴图 Gizmo。

不同贴图类型的 Gizmo 显示,对于平面、球形、圆柱形和收缩包裹贴图,一条黄色短线指示贴图顶部;Gizmo 的绿色边指示贴图右侧。在球形或圆柱形贴图上,绿色边是左右边的接合处。必须在修改器显示层次中选择 Gizmo,才能显示 Gizmo。

任务拓展

为茶几添加材质

【步骤1】打开本书提供的素材文件"茶几模型.max",任选一未使用的材质球分配给茶几的几面,并更改材质的名称和类型,如图 4-124 所示。

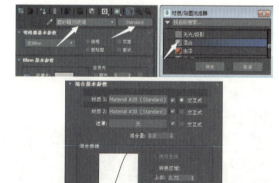

图4-124 调制茶几面材质

【步骤2】打开混合材质的材质 2 子材质,更改其名称,并调整其基本参数;为材

质的反射贴图通道添加"光线跟踪"贴图,如图 4-125 所示。

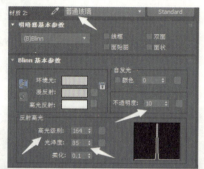

图4-125 调制玻璃材质

【步骤3】返回混合材质的材质 2 子材质,为折射贴图通道添加"薄壁折射"贴图,如图 4-126 所示。

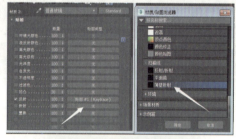

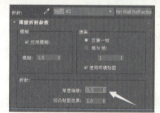

图4-126 添加"薄壁折射"贴图

【步骤4】打开混合材质的材质 1 子材质,更改其名称,环境光和漫反射、高光反射颜色设置为 0、184、230,并调整其基本参数;为材质的凹凸和折射贴图通道添加"噪波"和"薄壁折射"贴图,如图 4-127 所示。

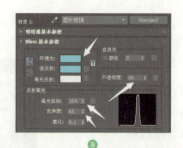

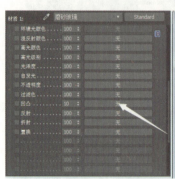  

  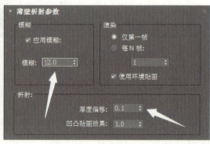

图4-127 调制材质1

【步骤5】为混合材质的遮罩添加位图贴图"龙.jpg",通过位图图像控制材质1和材质2子材质的混合情况。至此就完成了磨砂雕刻玻璃材质的编辑调整,如图4-128所示。

【步骤6】为茶几面添加"UVW贴图"修改器,用以调整其贴图坐标,选用素材"龙.jpg"图像,如图4-129所示。

图4-128 调整材质

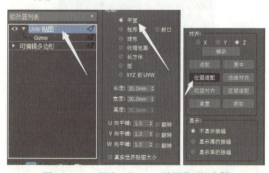

图4-129 添加"UVW贴图"修改器

【步骤7】将混合材质中的"磨砂玻璃"材质复制到材质编辑器中的任一未使用的材质球中,并将其分配给茶几座,如图4-130所示。

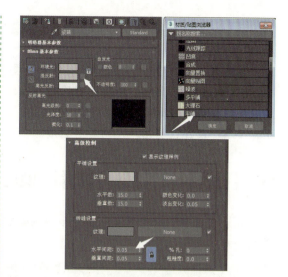

图4-130　分配材质

【步骤8】任选一未使用的材质球分配给场景的地面,并更改其名称为"瓷砖",然后为材质的漫反射颜色贴图通道添加"平铺"贴图,以模拟地砖的纹理效果。平铺贴图的参数如图4-131所示。

图4-131　平铺贴图

【步骤9】将瓷砖材质中漫反射颜色贴图通道的贴图拖动到凹凸贴图通道中,然后为反射贴图通道添加"光线跟踪"贴图,以模拟地砖的反光效果。至此就完成了茶几材质的创建分配,按F9键进行快速渲染。其效果如图4-132所示。

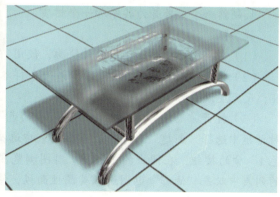

图4-132　最终效果

项目总结

为复杂对象赋予材质是三维制作中重要的知识点，好的材质将使三维场景更具有真实感。3ds Max 提供了一个复杂精密的材质系统，可以通过各种材质的搭配制作千变万化的材质效果。本项目中详细讲解了材质编辑器、各种材质和贴图类型的使用方法，在实际的制作中需要举一反三，灵活地使用各种材质。

项目评价

在本项目中，学习了 3ds Max 中材质编辑器、各种材质和贴图类型的使用方法，下面给自己做个评价吧。

	很满意	满意	还可以	不满意
任务完成情况				
对材质编辑器的掌握情况				
各种材质的调试参数掌握情况				

实战强化

1. 制作一个苹果并为其添加一个材质。

提示：

（1）在前视图中画出苹果的外轮廓，使用"车削"修改器制作苹果。

（2）打开"材质编辑器"，选择第一个样本球，在反射基本参数中，将高光强度设置为20，反光度设置为40。

（3）打开"贴图"卷展栏，单击"表面色"旁的按钮，在弹出的"材质/贴图浏览器"对话框中选择"新建"命令，在下拉列表中选择"混合"贴图，进入其属性面板，单击"颜色1"旁的按钮，在弹出的"材质/贴图浏览器"对话框中选择"新建"命令，然后在右边的列表中双击"油彩"贴图进入其属性面板，修改参数大小为1.0，重复数为4，阈值为0.2，颜色2RGB 分别为 180、174、138。

（4）单击"颜色1"旁边的 None 按钮，在弹出的"材质/贴图浏览器"对话框中选择"新建"命令，在弹出的下拉列表中双击"噪波"进入其属性面板，展开"噪波参数"卷展栏，设置颜色1RGB 分别为 230、50、113，颜色2RGB 分别为 253、249、139，大小为 60。

（5）连续单击两次"返回"按钮，返回到"混合"贴图属性面板，单击"颜色2"后的 None 按钮，在弹出的"材质/贴图浏览器"对话框中选择"新建"命令，在弹出的下拉列表中双击"渐变"进入其属性面板，展开"坐标"卷展栏，并修改参数。

（6）展开"噪波"卷展栏，设置数量为 4.8、级别为 10、大小为 1.0。

（7）展开"渐变参数"卷展栏，设置颜色 1、2、3 的 RGB 分别为 168、5、44, 219、

179、17，233、242、5。

（8）单击"返回"按钮，返回到上级目录，展开"混合参数"卷展栏，修改参数为25。

（9）苹果柄材质，漫反射颜色设置为135、50、25，最终效果如图4-133所示。

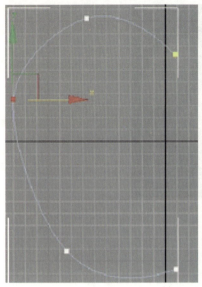
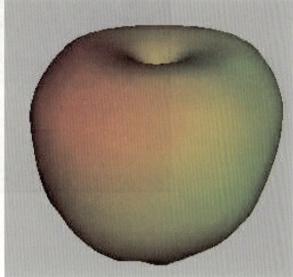

图4-133　苹果效果

2.使用多维/子对象材质完成图4-134中的雕刻材质。

提示：

（1）使用"挤压"修改器制作书本。

（2）制作文字或图案。

（3）设置材质。

图4-134　雕刻材质

3.制作鸡蛋材质，如图4-135所示。

提示：

（1）创建鸡蛋模型。

（2）设置第一个鸡蛋材质。在"材质/贴图浏览器"对话框中选择"光线跟踪"材质，设置"漫反射"颜色为"247、220、191"，"漫反射"贴图设置为"噪波"，设置参数为"247、

198、151""251、241、227",贴图通道上贴图类型为"细胞"贴图。

(3)设置鸡蛋的半透明效果。在"扩展参数"卷展栏中选择"半透明"选项,并设置一种灰色为"35、35、35"。

图4-135 对蛋材质

项目 5

3ds Max 2017 灯光与摄影机

- ■ 为卡通人物场景创建灯光
- ■ 制作桌面一角效果
- ■ 制作电话亭效果

本项目将学习 3ds Max 2017 中灯光和摄影机方面的知识，为场景创建灯光，一方面可以照亮场景，另一方面可以烘托气氛，使场景更具真实感；摄影机主要用于观察场景并记录观察视角，以及创建追踪和环游拍摄动画。

任务1　为卡通人物场景创建灯光

任务分析

最常用的布光方法是"三点照明法"，通过本任务学习灯光的创建方法及用"三点照明法"为场景布光。

任务实施

1. 创建目标聚光灯

为卡通人物场景布光

打开配套素材"三点照明.max"，单击"灯光"创建面板"标准"分类中的"目标聚光灯"按钮，然后在前视图中单击并按住鼠标左键拖动到适当位置，创建一盏目标聚光灯，作为场景的主光源，如图 5-1 所示。

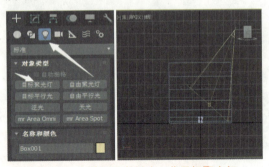

图5-1　在前视图中创建一盏目标聚光灯

2. 调整聚光灯的照射方向和参数

使用"移动工具"在顶视图中调整目标聚光灯发光点的位置，以调整其照射方向；然后在"修改器列表"面板中的"常规参数""强度/颜色/衰减"和"聚光灯参数"卷展栏中调整聚光灯的基本参数，完成场景主光源的调整，如图 5-2 所示。

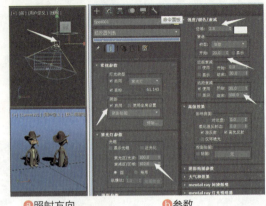

ⓐ 照射方向　　　　　ⓑ 参数

图5-2　调整聚光灯的照射方向和参数

3. 创建辅助光并调整其高度

在前视图中选中目标聚光灯的发光点，通过移动克隆复制一盏目标聚光灯作为场景的辅助光；调整辅助光发光点的高度，如图 5-3 所示。

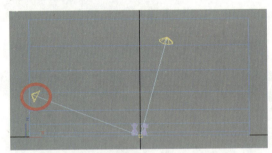

图5-3　创建辅助光并调整其高度

4. 调整辅助光的照射方向和基本参数

在顶视图中继续调整辅助光发光点的位置，以调整其照射方向，如图 5-4（a）所示；然后在"常规参数"和"强度/颜色/衰减"卷展栏中调整辅助光的基本参数，完成场景辅助光的调整，如图 5-4（b）所示。

ⓐ 照射方向　　　　　ⓑ 基本参数

图5-4　调整辅助光的照射方向和基本参数

5. 创建两盏泛光灯作为场景的背景光

单击"灯光"创建面板"标准"灯光分类中的"泛光灯"按钮，然后分别在顶视图中单击鼠标，创建两盏泛光灯，作为场景的背景光；再在前视图中调整其高度，如图5-5所示。

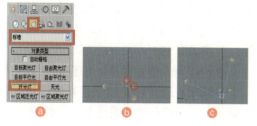

图5-5　创建两盏泛光灯作为场景的背景光

6. 将地面从泛光灯的照射对象中排除

单击"修改"面板"常规参数"卷展栏"阴影"选项区域中的"排除"按钮，在打开的"排除/包含"对话框中将Ground从泛光灯的照射对象中排除（泛光灯的其他参数使用系统默认即可），如图5-6所示。

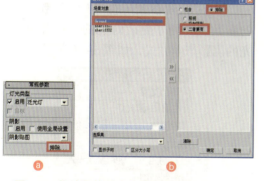

图5-6　将地面从泛光灯的照射对象中排除

7. 渲染

按F9键进行快速渲染，创建灯光后的渲染效果如图5-7所示。

图5-7　渲染效果

必备知识

若没有灯光，场景将漆黑一团。为了便于创建场景，3ds Max 为用户提供了一种默认的照明方式，它由两盏放置在场景对角线处的泛光灯组成。用户可以自己为场景创建灯光（系统默认的照明方式会自动关闭）。

3ds Max 的"灯光"创建面板列出了用户可以创建的所用灯光，可分为"标准"和"光度学"两类，下面分别介绍这两类灯光。

1. 标准灯光

标准灯光包括聚光灯、平行光、泛光灯和天光，主要用于模拟家用、办公、舞台、电影和工作中使用的设备灯光及太阳光。与光度学灯光不同的是，标准灯光不具有基于物理的强度值。

（1）聚光灯：聚光灯产生的是从发光点向某一方向照射、照射范围为锥形的灯光，常用于模拟路灯、舞台追光灯等的照射效果，如图5-8所示。

根据灯光有无目标点，可以将聚光灯分为目标聚光灯和自由聚光灯，将平行光分为目标平行光和自由平行光。

（2）平行光：同聚光灯不同，平行光产生的是圆形或矩形的平行照射光线，常用来模拟太阳光、探照灯、激光光束等的照射效果，如图5-9所示。

图5-8　聚光灯　　　　图5-9　平行光

（3）泛光灯：泛光灯属于点光源，它可以向四周发射均匀的光线，照射范围大，无方向性，常用来照亮场景或模拟灯泡、吊灯等的照射效果，如图5-10（a）所示。

（4）天光：天光可以从四面八方同时

向物体投射光线，还可以产生穿顶灯一样的柔化阴影，缺点是被照射物体的表面无高光效果。常用于模拟日光或室外场景的灯光，如图5-10（b）所示。

图5-10　泛光灯和天光

（5）mr区域泛光灯：当使用mental ray渲染器渲染场景时，区域泛光灯从球体或圆柱体体积发射光线，而不是从点源发射光线。

（6）mr区域聚光灯：当使用mental ray渲染器渲染场景时，区域聚光灯从矩形或碟形区域发射光线，而不是从点源发射光线。

2. 光度学灯光

光度学灯光不同于标准灯光，它使用光度学（光能）来精确地定义灯光，就像在真实世界一样。用户可以设置光度学灯光的分布、强度、色温和其他真实世界灯光的特性，还可以导入照明制造商的特定光度学文件以便设计基于灯光的照明。光度学灯光包括目标灯光、自由灯光和Mr Sky门户。

各灯光的特点如下。

（1）目标灯光：目标灯光可以用于指向灯光的目标子对象（目标点），可以选择球形分布、聚光灯分布，以及光度学Web分布等光发散类型。

（2）自由灯光：自由灯光不具备目标子对象，同样可以选择球形分布、聚光灯分布及光度学Web分布等光发散类型。

（3）Mr Sky门户：Mr Sky门户聚集由日光系统生成的天光（相对于直射太阳光）。当将Sky门户应用于玻璃门与窗户之类的对象时，这些对象会变成光源，从而使邻近区域（尤其是建筑物内部）依次被照亮。

3. 在场景中布光的方法

为场景创建灯光又称为"布光"。在动画、摄影和影视制作中，最常用的布光方法是"三点照明法"——创建三盏或三盏以上的灯光，分别作为场景的主光源、辅助光、背景光及装饰灯光。该布光方法可以照亮物体的几个重要角度，从而明确地表现出场景的主体和所要表达的气氛。此外，为场景布光时需要注意以下几点。

（1）灯光的创建顺序：创建灯光时要有一定的顺序，通常首先创建主光源，然后创建辅助光，最后创建背景光和装饰灯光。

（2）灯光强度的层次性：设置灯光强度时要有层次性，以体现出场景的明暗分布，通常情况下，主光源强度最大，辅助光次之，背景光和装饰灯光强度较弱。

（3）场景中灯光的数量：场景中灯光的数量宜精不宜多，灯光越多，场景的显示和渲染速度越慢。

灯光的基本参数如下。

（1）"常规参数"卷展栏。该卷展栏中的参数主要用于更改灯光的类型和设置灯光的阴影产生方式，如图5-11所示。

图5-11　"常规参数"卷展栏

"常规参数"卷展栏参数的作用如下。

灯光类型：该选项区域中的参数主要用于切换灯光类型，其中，选中"开启"复选框可以控制灯光效果的开启和关闭，选中"目标"复选框可以设置灯光是否有目标点（复选框右侧的数值为发光点和目标点之间的距离）。

阴影：该选项区域中的参数用于设置渲

染时是否渲染灯光的阴影,以及阴影的产生方式,如图5-12~图5-15所示。下方的"排除"按钮用于设置场景中哪些对象不产生阴影。

图5-12　阴影贴图

图5-13　光线跟踪阴影

图5-14　区域阴影

图5-15　高级光线跟踪阴影

（2）"强度/颜色/衰减"卷展栏。该卷展栏中的参数主要用于设置灯光的强度、颜色,以及灯光强度随距离的衰减情况,如图5-16所示。

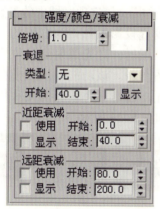

图5-16　"强度/颜色/衰减"卷展栏

"强度/颜色/衰减"卷展栏各主要参数的作用如下。

倍增：设置灯光的光照强度,右侧的颜色框用于设置灯光的颜色（当倍增值为负数时,灯光将从场景中吸收光照强度）。

衰退：该选项区域中的参数用于设置灯光强度随距离衰减的情况。衰减类型设置为"倒数"时,灯光强度随距离线性衰减,设置为"平方反比"时,灯光强度随距离的平方线性衰减;"开始"编辑框用于设置衰减的开始位置;选中"显示"复选框时,在灯光开始衰减的位置以绿色线框进行标记,如图5-17所示。

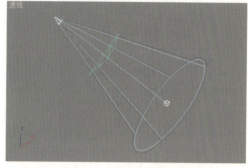

图5-17　选中"显示"复选框后的效果

近距衰减：该选项区域中的参数用于设置灯光由远及近衰减（即从衰减的开始位置到结束位置,灯光强度由0增强到设置值）的情况。选中"显示"复选框时,在灯光的光锥中将显示出灯光的近距衰减线框,如图5-18所示。

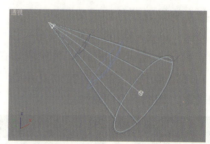

图5-18　近距衰减线框

远距衰减：该区中的参数用于设置灯光由近及远衰减（即从衰减的开始位置到结束位置,灯光强度由设置值衰减为0）的情况。选中"显示"复选框时,在灯光的光锥中将显示出灯光的远距衰减线框,如图5-19所示。

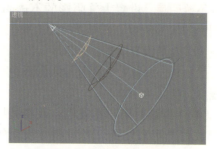

图5-19　远距衰减线框

（3）"阴影参数"卷展栏。该卷展栏中的参数主要用于设置对象和大气的阴影，如图5-20所示。

图5-20 "阴影参数"卷展栏

"阴影参数"卷展栏各参数的作用如下。

颜色： 单击右侧的颜色框可以设置对象阴影的颜色。

密度： 该编辑框用于设置阴影的密度，从而使阴影变暗或变亮，默认为1。当该值为0时，不产生阴影；当该值为正数时，产生左侧设置颜色的阴影；当该值为负数时，产生与左侧设置颜色相反的阴影。

贴图： 单击右侧的"无"按钮可以为阴影指定贴图，指定贴图后，对象阴影的颜色将由贴图取代，常用来模拟复杂透明对象的阴影，如图5-21所示。

图5-21 为对象阴影指定贴图前后的效果

灯光影响阴影颜色： 选中此复选框，灯光的颜色将会影响阴影的颜色，阴影的颜色为灯光颜色与阴影颜色混合后的颜色。

不透明度： 设置大气阴影的不透明度，即阴影的深浅程度。默认为100，取值为0时，大气效果没有阴影。

颜色量： 设置大气颜色与阴影颜色混合的程度，默认为100。

（4）"高级效果"卷展栏。该卷展栏中的参数主要用来设置灯光对物体表面的影响方式，以及设置投影灯的投影图像，如图5-22所示。

图5-22 "高级效果"卷展栏

"高级效果"卷展栏各参数的作用如下。

对比度： 设置被灯光照射的对象中明暗部分的对比度，取值范围为0~100，默认为0。

柔化漫反射边： 设置对象漫反射区域边界的柔和程度，取值范围为0~100，默认为0。

漫反射/高光反射/仅环境光： 这3个复选框用于控制是否开启灯光的漫反射、高光反射和环境光效果，以控制灯光照射的对象中是否显示相应的颜色。

投影贴图： 该选项区域中的参数用于为聚光灯设置投影贴图，为右侧的"无"按钮指定贴图后，灯光照射到的位置将显示出该贴图图像。该功能常用来模拟放映机的投射光、透过彩色玻璃的光和舞厅的灯光等，如图5-23所示。

图5-23 投影贴图的图像和渲染前后的效果

（5）"大气和效果"卷展栏。该卷展栏主要用于为灯光添加或删除大气效果和渲染特效。单击卷展栏中的"添加"按钮，在打开的"添加大气或效果"对话框中选择"体积光"选项，然后单击"确定"按钮，即可为灯光添加体积光大气效果。

单击卷展栏中的"删除"按钮可删除选中的大气效果；单击"设置"按钮可打开"环境和效果"对话框，使用该对话框中的参数可调整大气效果。

任务拓展

制作钻石灯光效果

【步骤1】打开素材"钻石模型.max"文件,按M键打开材质编辑器,选中一个未使用的材质球,并将其命名为"钻石1",将材质类型设置为"光线跟踪",并在"光线跟踪基本参数"卷展栏中设置其参数,如图5-24所示。

图5-24 设置"钻石1"材质参数

【步骤2】在"贴图"卷展栏中单击"半透明"通道右侧的"无"按钮,在打开的"材质/贴图浏览器"对话框中双击"衰减以"选项,并设置"衰减参数",如图5-25所示。

图5-25 设置衰减参数

【步骤3】单击材质编辑器工具栏中的"转到父对象"按钮,返回第一个子材质的参数堆栈列表,将"贴图"卷展栏中"半透明"通道的贴图拖动到"透明度"通道中,如图5-26所示。

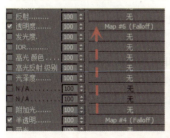

图5-26 复制通道贴图

【步骤4】选中摄影机视图中左上方的钻石模型,单击"将材质指定给选定对象"按钮,为其添加材质。

【步骤5】将"钻石1"材质球拖到一个未使用的材质球上,进行复制,并命名为"钻石2",然后修改"光线跟踪基本参数"卷展栏中"漫反射"颜色、"半透明"和"透明度"通道中"衰减"贴图的颜色如图5-27所示。

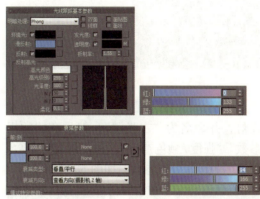

图5-27 调制"钻石2"材质

【步骤6】选中摄影机视图中下方的钻石模型,将调制好的材质指定给这颗钻石。

【步骤7】参照【步骤5】的操作创建"钻石3"材质,并在"光线跟踪基本参数"卷展栏中设置"漫反射"颜色,在"半透明"和"透明度"通道中修改"衰减"贴图的颜色,如图5-28所示。并将材质赋给最后一颗钻石。

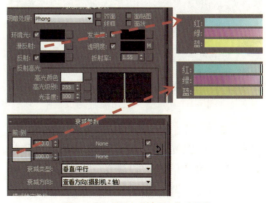

图5-28 调制"钻石3"材质

【步骤8】选中一个未使用的材质球,并命名为"地面",然后在"Blinn基本参数"卷展栏中设置其参数,如图5-29所示。

选中平面模型，为其添加材质。选择"渲染"→"环境"命令，在打开的"环境和效果"对话框中将环境贴图指定为配套素材"Dock-Sphere-FREE.hdr"。此时可以渲染查看效果。

图5-29 调制"地面"材质

【步骤9】在顶视图中创建一盏目标聚光灯，并命名为"主光源"，然后在"常规参数""强度/颜色/衰减"和"聚光灯参数"卷展栏中设置灯光参数，如图5-30所示。

图5-30 设置"主光源"

【步骤10】调整"主光源"的位置，如图5-31所示。

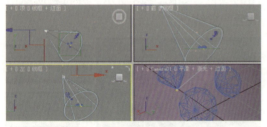

图5-31 调整"主光源"的位置

【步骤11】在顶视图中创建一泛光灯，命名为"辅助光1"，在"强度/颜色/衰减"卷展栏中将"倍增"设置为"0.3"，并在视图中调整其位置，如图5-32所示。

【步骤12】在顶视图中创建一泛光灯，命名为"辅助光2"，然后在"强度/颜色/衰减"卷展栏中将"倍增"设置为"0.2"，并在视图中调整其位置，如图5-33所示。

制作桌面一角效果

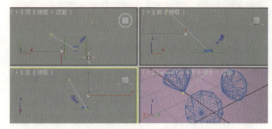

图5-32 创建"辅助光1"并调整其位置

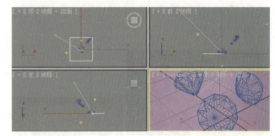

图5-33 创建"辅助光2"并调整其位置

【步骤13】按F9键进行渲染，其效果如图5-34所示。

图5-34 渲染效果

任务2 制作桌面一角效果

任务分析

本例将通过为场景添加"目标平行光"和"目标聚光灯"，制作桌面一角的效果。

在制作桌面一角的效果时，首先通过创建目标平行光模拟日光光线；然后通过创建目标聚光灯模拟台灯的灯光效果。

任务实施

1. 创建摄影机

（1）显示安全框并调整透视图的视角。

打开素材"桌面模型.max",选择透视图并按Shift+F组合键显示安全框(设置渲染尺寸),单击视图控制区中的"缩放"按钮缩放透视图,单击"平移视图"按钮,按住Alt键的同时按住鼠标中键拖动,旋转透视图的角度,如图5-35所示。

图5-35 显示安全框并调整透视图的视角

(2)创建摄影机。

保持透视图的激活状态,按Ctrl+C组合键,系统会自动创建一个目标摄影机。

2. 创建灯光

(1)创建"日光"并设置参数。

单击"灯光"创建面板"标准"分类下的"目标平行灯"按钮,然后在顶视图中按住鼠标左键不放并拖动创建一个目标平行灯,并命名为"日光",然后在"常规参数""强度/颜色/衰减""平行光参数"和"阴影贴图参数"卷展栏中设置日光参数,如图5-36所示。

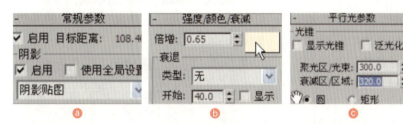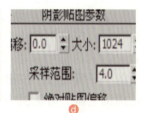

图5-36 设置"日光"参数

(2)调整"日光"位置。

在顶视图和前视图中调整"日光"发光点的位置,如图5-37所示。

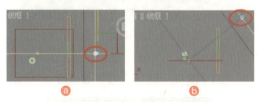

图5-37 调整"日光"发光点位置

(3)渲染。

添加"日光"后,按F9键进行渲染,效果如图5-38所示。

图5-38 添加"日光"后渲染效果

(4)创建设置"台灯光"参数。

单击"灯光"创建面板"标准"分类中的"目标聚光灯"按钮,在前视图中创建一盏目标聚光灯,并命名为"台灯光",然后在"常规参数"和"强度/颜色/衰减"卷展栏中设置灯光参数,如图5-39所示。

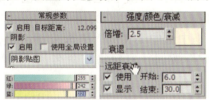

图5-39 设置"台灯光"参数

(5)调整"台灯光"位置。

在视图中调整"台灯光"位置,如图5-40所示。

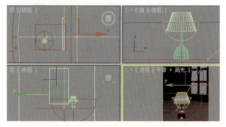

图5-40 调整"台灯光"位置

（6）渲染。

添加"台灯光"后，按F9键进行渲染，效果如图5-41所示。

图5-41 添加"台灯光"后的渲染效果

3. 设置环境贴图和大气效果

（1）添加环境贴图。选择"渲染"→"环境"命令，在打开的"环境和效果"对话框中单击"公用参数"卷展栏下的"环境贴图"按钮，在打开的"材质/贴图浏览器"对话框中双击"位图"选项，再在打开的"选择位图图像文件"对话框中选择配套素材"环境贴图.jpg"图像文件，单击"打开"按钮。

（2）将环境贴图拖到材质球中。

打开材质编辑器，将"环境和效果"对话框中的环境贴图拖到一个未使用的材质球中，在弹出的"实例（副本）贴图"对话框中选中"实例"单选按钮，并单击"确定"按钮，然后将其命名为"环境"，如图5-42所示。

图5-42 将环境贴图拖到材质球中

（3）设置"环境"参数。

在"环境"材质的"坐标"卷展栏中设置材质参数，如图5-43所示。

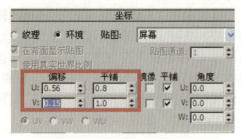

图5-43 设置"环境"材质参数

（4）添加"体积光"效果。

在"环境和效果"对话框的"大气"卷展栏中单击"添加"按钮，在打开的"添加大气效果"对话框中双击"体积光"选项，在"体积光参数"卷展栏中单击"拾取灯光"按钮，然后选取视图中的"台灯光"目标聚光灯，并设置体积光的参数，如图5-44所示。

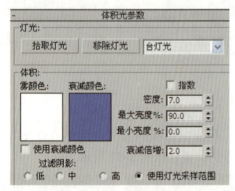

图5-44 拾取灯光设置参数

（5）渲染。

按F9键进行渲染，效果如图5-45所示。

图5-45 渲染效果

必备知识

1. 摄影机

在制作三维动画时,一方面可以使用摄影机的透视功能观察物体内部的景物;另一方面可以使用摄影机记录场景的观察效果;此外,使用摄影机还可以非常方便地创建追踪和环游拍摄动画,以及模拟现实中的摄影特效。

使用摄影机视口可以调整摄影机,就像正在通过其镜头进行观看一样,这对于编辑几何体和设置渲染的场景非常有用。

下面将介绍 3ds Max 中摄影机的类型,以及创建摄影机和设置其参数的方法。

3ds Max 为用户提供了两种类型的摄影机:自由摄影机和目标摄影机。这两种摄影机具有不同的特点和用途,具体如下。

(1)目标摄影机:该摄影机类似于灯光中带有目标点的灯光,它由摄影机图标、目标和观察区三部分构成,如图 5-46 和图 5-47 所示。使用时,用户可分别调整摄影机图标和目标点的位置,容易定位,适合拍摄静止画面、追踪跟随动画等大多数场景。其缺点是,当摄影机图标无限接近目标点或处于目标点正上方或正下方时,摄影机将发生翻转,拍摄画面不稳定。

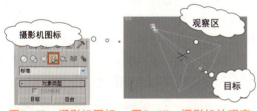

图5-46　摄影机图标　　图5-47　摄影机的观察区和目标

(2)自由摄影机:该摄影机类似于灯光中无目标点的灯光,只能通过移动和旋转摄影机图标来控制摄影机的位置和观察角度。其优点是,不受目标点的影响,拍摄画面稳定,适于对拍摄画面有固定要求的动画场景。

2. 创建摄影机

目标摄影机的创建方法与目标灯光类似,单击"摄影机"创建面板中的"目标"按钮,然后在视图中单击并按住鼠标拖动到适当位置后释放,确定摄影机图标和目标点的位置,即可创建一个目标摄影机,如图 5-48 所示。

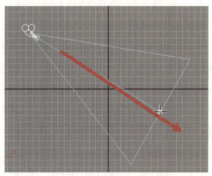

图5-48　创建目标摄影机

单击"摄影机"创建面板中的"自由"按钮,然后在视图中单击,即可创建一个拍摄方向垂直于当前视图的自由摄影机(在透视图中单击时,将创建一个拍摄方向垂直向下的自由摄影机),如图 5-49 所示。

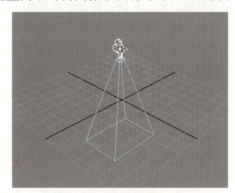

图5-49　创建自由摄影机

创建完摄影机后,按 C 键可将当前视图切换为摄影机视图。此时使用 3ds Max 窗口左下角视图控制区中的工具可调整摄影机视图的观察效果,具体如下。

推拉摄影机:单击此按钮,然后在摄影机视图中拖动鼠标,可使摄影机图标靠近或远离拍摄对象,以缩小或增大摄影机的观察范围。

视野： 单击此按钮，然后在摄影机视图中拖动鼠标，可缩小或放大摄影机的观察区。由于摄影机图标和目标点的位置不变，因此，使用该工具调整观察视野时，容易造成观察对象的视觉变形。

平移摄影机： 单击此按钮，然后在摄影机视图中拖动鼠标，可沿摄影机视图所在的平面平移摄影机图标和目标点，以平移摄影机的观察视野。

环游摄影机： 单击此按钮，然后在摄影机视图中拖动鼠标，可使摄影机图标绕目标点旋转（摄影机图标和目标点的间距保持不变）。按住此按钮不放会弹出"摇移摄影机"按钮，使用此按钮可以将目标点绕摄影机图标旋转。

侧滚摄影机： 单击此按钮，然后在摄影机视图中拖动鼠标，可使摄影机图标绕自身 Z 轴（即摄影机图标和目标点的连线）旋转。

3. 摄影机重要参数

选中摄影机图标后，在"修改"面板中将显示出摄影机的参数，各参数作用如下。

镜头： 显示和调整摄影机镜头的焦距。

视野： 显示和调整摄影机的视角（左侧按钮设置为 ↔、↕ 或 ↗ 时，"视野"编辑框显示和调整的分别为摄影机观察区水平方向、垂直方向和对角方向的角度）。

正交投影： 选中此复选框后，摄影机无法移动到物体内部进行观察，且渲染时无法使用大气效果。

备用镜头： 单击该选项区域中任一按钮，即可将摄影机的镜头和视野设置为该备用镜头的焦距和视野。需要注意的是，小焦距多用于制作鱼眼的夸张效果，大焦距多用于观测较远的景物，以保证物体不变形。

类型： 该下拉列表框用于转换摄影机的类型，目标摄影机转换为自由摄影机后，摄影机的目标点动画将会丢失。

显示地平线： 选中此复选框后，在摄影机视图中将显示出一条黑色的直线，表示远处的地平线。

环境范围： 该选项区域中的参数用于设置摄影机观察区中出现大气效果的范围。"近距范围"和"远距范围"表示大气效果的出现位置和结束位置与摄影机图标的距离（选中"显示"复选框时，在摄影机的观察区中将显示出表示该范围的线框）。

剪切平面： 该选项区域中的参数用于设置摄影机视图中显示哪一范围的对象，常使用此功能观察物体内部的场景。选中"手动剪切"复选框可开启此功能，使用"远距剪切"和"近距剪切"编辑框可设置远距剪切平面和近距剪切平面与摄影机图标的距离，如图 5-50 所示。

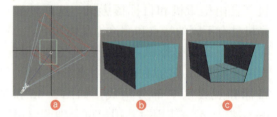

图5-50 剪切平面及剪切前后摄影机视图的效果

多过程效果： 该区中的参数用于设置渲染时是否对场景进行多次偏移渲染，以产生景深或运动模糊的摄影特效。选中"启用"复选框可开启此功能；下方的"效果"下拉列表框用于设置所用的多过程效果（选择某一效果后，在"修改"面板中将显示出该效果的参数，默认选择"景深"选项）。

目标距离： 该编辑框用于显示和设置目标点与摄影机图标之间的距离。

任务拓展

制作山洞景深效果

【步骤1】创建目标摄影机。

打开素材"山洞模型 .max"文件，单击"摄影机"创建面板中的"目标"按钮，然后在顶视图中单击并按住鼠标左键拖动到适当位置，创建一个目标摄影机，如

图 5-51 所示。

ⓐ

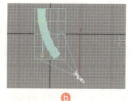
ⓑ

图5-51 创建一个目标摄影机

【步骤2】切换视图，观察效果。

单击透视图，然后按 C 键，将透视图切换为 Camera01 视图，此时 Camera01 视图的观察效果如图 5-52 所示。

图5-52 调整前的摄影机视图

【步骤3】推拉摄影机。

单击视图控制区中的"推拉摄影机+目标点"按钮 ，（若视图控制区中无此按钮，可按住"推拉摄影机"按钮或"推拉目标"按钮，从弹出的按钮列表中选择该按钮），然后在摄影机视图中单击并向上拖动鼠标，使摄影机图标和目标点同时向拍摄对象靠近，如图 5-53 所示。

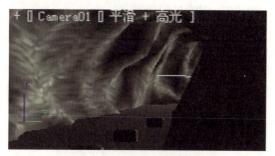

图5-53 推拉摄影机图标和目标点

【步骤4】平移摄影机，调整摄影机的视野。

单击视图控制区中的"平移摄影机"按钮 ，然后在摄影机视图中单击并向右拖动鼠标，将摄影机整体向左移动一定的距离，如图 5-54 所示。单击视图控制区中的"视野"按钮 ，然后在摄影机视图中单击并向上拖动鼠标，增大摄影机观察区的角度，如图 5-55 所示。

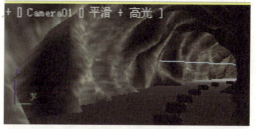

图5-54 平移摄影机

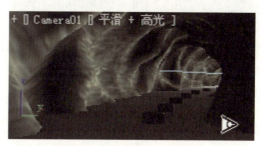

图5-55 调整摄影机的视野

【步骤5】调整视野效果。

单击视图控制区中的"环游摄影机"按钮 ，然后在摄影机视图中单击并拖动鼠标，使摄影机图标绕目标点旋转一定的角度，以调整摄影机的观察角度，最终效果如图 5-56 所示。至此就完成了摄影机观察视野的调整。

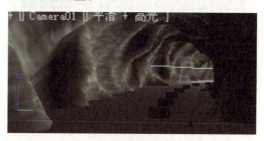

图5-56 调整视野效果

【步骤6】开启景深效果。

单击摄影机图标，然后选中"修改"面板"参数"卷展栏"多过程效果"选项区域中的"启用"复选框，开启摄影机的多过程效果；再设置摄影机当前使用的多过程效果为"景深",如图5-57(a)所示。

打开"景深参数"卷展栏,取消选中"焦点深度"选项区域中的"使用目标距离"复选框,然后设置"焦点深度"为400;再在"采样"选项区域中设置"过程总数"为20、"采样半径"为2.5、"采样偏移"为0.75,完成景深参数的设置,如图5-57(b)所示。

制作电话亭效果

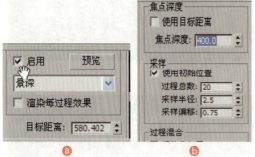

图5-57 景深效果及参数

【步骤7】渲染。

按F9键进行渲染,最终效果如图5-58所示。

图5-58 最终效果

任务3 制作电话亭效果

任务分析

在效果图制作中,一般将镜头的焦距设置为28~35mm,以使建筑物有较强的透视效果,而又不产生明显的变形。此外,平行光总是像太阳一样向一个方向投射平行光线,所以在3ds Max中平行光主要用来模拟太阳,产生阴影。本任务通过为电话亭设置灯光及摄影机效果,来进一步学习灯光与摄影机的应用方法。

首先为电话亭模型添加地面和墙面平面,其次创建摄影机和灯光,最后为模型添加材质并渲染。

任务实施

1. 创建摄影机

(1)绘制地面和墙壁。

打开电话亭模型,选择"创建"→"几何体"→"平面"命令,分别在顶视图和前视图绘制一个平面,并设置长、宽分段数为1,分别命名为"地面"和"墙壁",旋转到适当的位置,效果如图5-59所示。

图5-59 地面和墙壁的效果

(2)设置渲染输出。

选择"渲染"→"渲染设置"命令,打开"渲染设置"对话框,在"公用"选项卡中的"公用参数"卷展栏中,设置"宽度"为600、"高度"为800(设置渲染输出图像的宽度和高度)。

(3)创建目标摄影机。

将透视图设置为活动视口,按Shift+F组合键,显示透视图的安全框。选择"创建"→"摄影机"→"目标"命令,在顶视图创建一个目标摄影机,如图5-60所示。

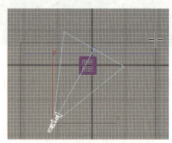

图5-60 创建目标摄影机

（4）在前视图中调整摄影机位置。

单击透视图，然后按 C 键，切换到摄影机视图（该操作的目的是为了方便观察摄影机调整效果，在操作中，用户可边调整摄影机，边在摄影机视图中观察调整效果），然后在前视图中调整摄影机和目标点的位置，效果如图 5-61 所示。

选中摄影机，在"修改"面板的"参数"卷展栏中设置"镜头"为 35mm，如图 5-62 所示。

图 5-65　创建天光并设置高级照明

（2）创建主光。

选择"创建"→"灯光"→"标准"→"目标平行光"命令，在视图中拖动鼠标创建目标平行光，将其作为投影灯光，然后在顶视图和前视图中调整天光和目标平行光位置，如图 5-66 所示。

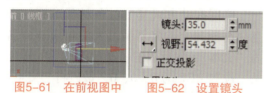

图 5-61　在前视图中调整摄影机位置　　图 5-62　设置镜头

（5）调整摄影机位置。

在顶视图中选中摄影机，沿 X 轴和 Y 轴移动摄影机的位置，再适当调整目标点位置，效果如图 5-63 所示。此时在摄影机视图得到图 5-64 所示的效果，摄影机创建成功。

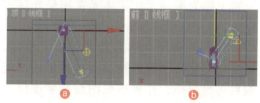

图 5-66　创建目标平行光并设置参数调整灯光位置

（3）设置平行光参数。

选中目标平行光，在"修改"面板的"常规参数"卷展栏下选中"阴影"选项区域中的"启用"复选框，并在下方的下拉列表中选择阴影类型为"光线跟踪阴影"，然后在"平行光参数"卷展栏中设置"聚光区/光束"为 88、"衰减区/区域"为 270，如图 5-67 所示。

图 5-63　在顶视图中调整摄影机位置　　图 5-64　摄影机创建效果

2. 创建灯光

（1）创建天光并设置高级照明。

选择"创建"→"灯光"→"标准"→"天光"命令，在视图中单击创建一盏"天光"，如图 5-65（a）所示，然后在"修改"面板"参数"卷展栏中设置"天光"的"倍增"值为 0.6。

选择"渲染"→"光跟踪器"命令，此时当前的高级照明方式自动指定为"光跟踪器"，这里将"光线/采样数"设置为 90，如图 5-65（b）所示。

图 5-67　设置平行光参数

（4）渲染。

按 F9 键渲染场景，效果如图 5-68 所示。

图 5-68　渲染效果

必备知识

三点照明又称为区域照明，一般用于较小范围的场景照明，有三盏灯即可，分别为主体光、辅助光与背景光。

主体光通常用来照亮场景中的主要对象与其周围区域，并且可以给主体对象投影。主要的明暗关系由主体光决定，包括投影的方向。主体光的任务也可以根据需要用几盏灯光来共同完成。如果主光灯在15°~30°的位置上，则称为顺光；在45°~90°的位置上称为侧光；在90°~120°位置上称为侧逆光。主体光常用聚光灯来完成。

激活透视图，然后按 Ctrl+C 组合键，可自动创建一个与透视图观察效果相匹配的目标摄影机，并将透视图切换到该摄影机视图。在设计三维动画时，常使用该方法创建摄影机，记录场景的观察视角。

任务拓展

为电话亭添加材质

【步骤1】设置红色亭身材质。

按 M 键，打开材质编辑器，选择一个空白材质球，并命名为"红色亭身"，然后单击"漫反射"后的颜色条，设置 RGB 为 231、0、0，设置"高光级别"为39，"光泽度"为9，如图5-69（a）所示。

在"贴图"卷展栏中为"反射"贴图通道加入"光线跟踪"贴图，设置贴图数量为20，如图5-69（b）所示。

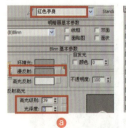

图5-69 设置"红色亭身"材质

【步骤2】指定材质。

在场景中选择"亭身""玻璃门""底座"和"字框"对象（可使用"按名称选择"方式选择；若创建模型时已对某些对象群组，可先选中对象，然后选择"组"→"解组"命令解组），然后单击材质编辑器工具栏中的"将材质指定给选定对象"按钮，将设置好的"红色亭身"材质指定给这些对象。

【步骤3】设置文字和白板材质。

使用拖动方式复制红色材质球到一个空白材质球上，将复制过来的材质球命名为"文本"，然后单击"漫反射"后的颜色条，设置 RGB 为 0、0、0，最后将"文本"材质指定给场景中的"文字"对象。

复制红色材质球到另一个空白材质球上，将复制过来的材质球命名为"白板"，然后单击"漫反射"后的颜色条，设置 RGB 为 255、255、255，最后将"白板"材质指定给场景中的"白板"对象。

【步骤4】设置"玻璃"材质。

选择一空白材质球，并命名为"玻璃"，单击 Standard 按钮，在弹出的"材质/贴图浏览器"对话框中选择"光线跟踪"材质，然后单击"确定"按钮。

将"漫反射"颜色设置为黑色，"透明度"颜色设置为白色，双击"反射"后面的 ✓ 按钮，将反射设置为菲涅尔方式；设置"高光级别"为96，"光泽度"为32，最后将该材质指定给场景中的玻璃。

【步骤5】设置墙材质。

选择一空白材质球，并命名为"墙"，单击"漫反射"后的按钮，在弹出的"材质/贴图浏览器"对话框中双击"位图"类型，选择素材"墙砖.jpg"，并设置 U 和 V 向平铺为6，如图5-70（a）所示。

返回"墙"设置界面，在"反射高光"选项区域中设置"高光级别"为5，"光泽度"为11，最后将该材质指定给场景中的"墙壁"对象，如图5-70（b）所示。

图5-70 设置位图参数

【步骤6】设置地面材质。

地面材质的做法与墙材质类似，只需把贴图文件改为"地砖.jpg"文件，U和V平铺值都为1，并在凹凸贴图中加入强度为30的"地砖.jpg"贴图，如图5-71所示，最后将材质指定给场景中的"地面"。

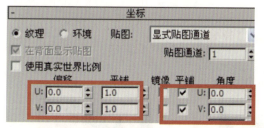

图5-71 设置"地面"材质

【步骤7】设置环境材质。

选择"渲染"→"环境"命令，在弹出的"环境和效果"对话框中单击"环境贴图"项下的"无"按钮，打开"材质/贴图浏览器"对话框，在其中选择"位图"选项并使用素材中的"1.hdr"文件，在弹出的"HDRI加载设置"对话框中单击"确定"按钮。

将"环境贴图"选项下的按钮拖到"材质编辑器"中的一个空材质球上，在弹出的对话框中选中"实例"单选按钮，然后在材质编辑器的"坐标"卷展栏中设置"贴图"为"球形环境"，并调节U向偏移为-0.18，"模糊偏移"为0.05，如图5-72所示。

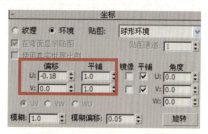

图5-72 设置环境材质

【步骤8】渲染。

按F9键渲染场景，效果如图5-73所示。

图5-73 渲染效果

项目总结

灯光与摄影机是三维建模中两个重要的组成部分，本身不能被渲染，但在表现场景、气氛、动作和构图等方面发挥着重要作用。

一般情况下主光选择目标聚光灯或目标平行光。主光一般用灯模拟太阳光，让物体产生阴影，所以主光的阴影一般都是开启的。在顶视图中主光一般和摄影机成90°夹角；在前视图中，主光一般与地面成45°夹角。

摄影机的目标点和摄影机如果在一条平行线上称为平视。平视物体时，能真实地反应物体的长、宽、高；如果目标点在摄影机之上称为仰视；如果目标点在摄影机之下称为俯视。俯视和仰视物体时，物体都会有一定的变形。

项目评价

在本项目中,学习了 3ds Max 中灯光和摄影机的相关操作,下面给自己做个评价吧。

	很满意	满意	还可以	不满意
任务完成情况				
布光的完成情况				
架设及调试摄影机的掌握情况				
针对出现问题能及时调试情况				

实战强化

制作一个舞台彩灯效果

提示:

(1)使用 Photoshop 软件制作灯光影图案,如图 5-74 所示。

a

b

c

图5-74 灯光影图案

(2)首先创建灯座模型,然后在灯座处创建目标聚光灯。在"强度/颜色/衰减"卷展栏中设置色(如红色),在"高级效果"卷展栏中设置"投影贴图",指定一个位图(如图5-74中的某一图案),在"大气和效果"卷展栏中添加"体积光"。

(3)体积光参数设置。设置雾颜色为白色、衰减颜色为黑色,密度、最大亮度、最小亮度、衰减倍增自行设置,并渲染观察效果。

(4)使用同样的方法创建其他的灯光并设置相关参数,即可得到如图 5-75 所示的效果。

图5-75 最终效果

项目 6

环境与特效

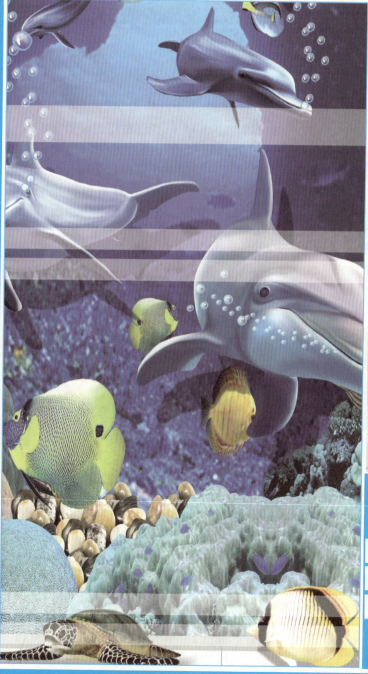

- 制作山间云雾
- 制作火炬
- 制作光束文字

3ds Max 提供了丰富的环境效果,可以实现天空、火焰、体积光等效果,以增强场景的渲染气氛,这样就可以使场景看上去更加真实,具有感染力。本项目将通过 3 个案例,使读者熟练掌握体积雾的使用方法,并了解主要参数的含义。

任务1 制作山间云雾

任务分析

本任务主要是使用 3ds Max 自带的大气特效来实现的,对环境编辑器中的体积雾参数进行设置,如果要达到动态效果,还需要对时间轴进行配置。

任务实施

1. 创建平面

制作山间云雾

启动 3ds Max 2017,选择"文件"→"重置"命令,将新建的文档重置。在顶视图中创建 500mm×500mm 的平面,并设置"长度分段"为 100mm,"宽度分段"为 100mm,如图 6-1 所示。

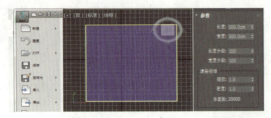

图6-1 创建平面

2. 添加修改器

选择平面,在修改器中添加"置换"修改器,在修改器中将"置换"选项区域中的"强度"设置为 25,在"图像"卷展栏中单击"贴图"按钮,打开"材质/贴图浏览器"对话框,选择"噪波"选项后,单击"确定"按钮,如图 6-2 所示。这在平面中有所变化,但不明显。

图6-2 添加修改器

3. 修改噪波参数

按 M 键打开材质编辑器,将贴图中的噪波(Noise)拖曳到材质编辑器中,在弹出的对话框中选择"实例"选项,这时会将噪波贴图赋予第一材质球,在噪波材质中设置其参数。在材质编辑器中来设置 Noise 参数。查看"大小"对山峰形状的影响,可以自己调这个数值来观察,当值越小,形状表现得越细碎,当值越大,山峰表现较平缓。选中"分形"单选按钮,山峰将会表现出更多的细节。设置"高""低""输出量",参数如图 6-3 所示。

图6-3 设置参数

4. 为山峰添加材质

在材质编辑器中选择第二个材质球,并将材质赋予"山峰"模型,在"贴图"卷展栏中为漫反射添加"凹痕"贴图,在凹痕材质中设置"大小""强度"等参数,设置"颜色 1"和"颜色 2"使山体呈现两种不同的颜色效果，渲染后观察效果，如图6-4所示。

图6-4 为山峰添加材质

5. 创建大气装置

单击创建命令面板中的"辅助对象"按钮，显示辅助对象工具，在"标准"下拉列表中选择"大气装置"选项，在"对象类型"卷展栏中单击"球体Gizmo"按钮，在顶视图中创建一个球体大气装置，如图6-5所示。

图6-5 添加大气装置

6. 调整大气装置

选择大气装置，切换到修改命令面板，设置大气装置的"半径"为500，选中"半径"复选框，并在各个视图中调整大气装置的位置，如图6-6所示。

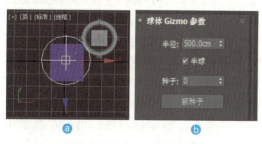

图6-6 修改大气装置参数

7. 添加体积雾

选择"渲染"→"环境"命令，打开"环境和效果"对话框。在"大气"卷展栏中单击"添加"按钮，在打开的"添加大气效果"对话框中选择"体积雾"选项，单击"确定"按钮添加一个体积雾，在"体积雾参数"卷展栏中选中"指数"复选框，将"密度"设置为32，"步长大小"设置为3.8，"最大步数"设置为100，选中"雾化背景"复选框，如图6-7所示。

8. 设置大气装置

单击"拾取Gizmo"按钮，在视图中选择创建的大气装置，将其作为创建体积雾的载体，在"噪波"选项区域中选中"分形"单选按钮，将"高"设置为0.3，"低"设置为0.2，"均匀性"设置为−0.02，"级别"设置为4，"大小"设置为20。在"风力来源"选项区域中选中"左"单选按钮，将"风力强度"设置为12，如图6-8所示。

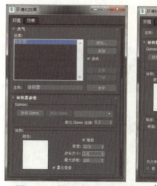 

图6-7 添加体积雾　图6-8 设置体积雾参数

9. 设置动画

在动画控制区域中添加动画，单击"自动关键点"按钮，将时间滑块拖动到第0帧，将"相位"设置为−1。将时间滑块拖动到第100帧，将"相位"设置为4，弹开"自动关键点"按钮，完成山间云雾的运动动画，如图6-9和图6-10所示。

图6-9 动画控制面板

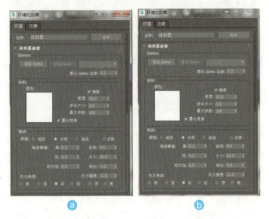

图6-10 相位设置

10. 动画视频格式设置

在动画控制区域中单击"时间配置"按钮,在打开的"时间配置"对话框中选中"帧速率"选项区域中的"PAL"单选按钮,如图6-11所示。

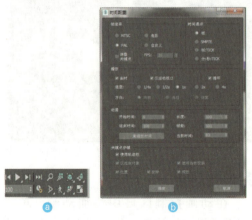

图6-11 视频格式设置

11. 生成动画效果

选择菜单栏中的"渲染"→"渲染设置"命令,弹出"渲染设置"对话框,在"时间输出"选项区域中选中"范围"单选按钮,在"渲染输出"选项区域中选中"保存文件"复选框,单击"文件"按钮设置输出文件的位置和格式,最后单击"渲染"按钮,渲染效果如图6-12所示。

图6-12 渲染效果

必备知识

1. 动画基础

3ds Max不仅可以制作优美的三维模型,还可以制作三维动画效果,广泛应用于影视制作、广告、游戏等行业。

在动画制作过程中首先要理解什么是关键帧和动画原理,所谓动画,就是以人的视觉为基础,当多个静态图像连续运动时会在人的视觉中产生动画效果,其中每一个单独的图像称为"关键帧",3ds Max动画原理是创建记录每个动画序列的起点和终点的关键帧,这些关键帧的值称为关键点。3ds Max将计算各个关键点之间的插补值,从而生成完整动画。

在3ds Max中创建关键帧的方法有"自动关键帧"和"设置关键帧"。启动"自动关键帧"后,时间滑块和活动视窗边框都变成红色以指示处于动画模式,如创建一个"茶壶"移动的动画,可以在场景中创建一个"茶壶"模型,启动"自动关键帧",拨动时间滑块到 100 帧,使用"移动工具"将"茶壶"移动到其他位置,可以发现在第 0 帧和第 100 帧的位置生成两个关键帧,分别表示茶壶的起始位置和移动之后的位置,中间的动画则由软件自动生成。"设置关键帧"又称为"手动关键帧",只有单击"设置关键帧点"按钮后才会产生关键帧,而"自动关键帧"只要改变了时间和对象属性,就会自动产生关键帧。

3ds Max 制作动画时需要进行一些基本的设置或操作。

（1）时间设置。

单击"时间设置"按钮，可以对时间进行精确的控制,其中包括时间的测量和显示方式,活动时间的长度及动画的每个渲染帧涉及的时间长度。

由于 3ds Max 软件是由美国生产的,因此默认使用 NTSC 制式,而在我国大陆使用的是 PAL 制式,所以国内使用一般会将"帧速率"设置为 PLA,默认的 NTSC 的帧速率为 30,PAL 速率为 25,所以当"帧速率"设置为 PAL 时,根据帧速率的换算关系,100 帧的时间长度将变成了 83 帧,如图 6-13 所示。

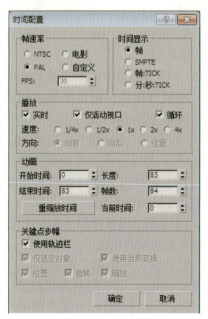

图6-13　时间配置

（2）轨迹视图。

单击　按钮可以打开"轨迹视图"对话框,它使用两种不同的模式:"曲线编辑器"和"摄影表"。"曲线编辑器"模式可以将动画显示为功能曲线;"摄影表"模式可以将动画显示为关键点和范围的电子表格,关键点是带颜色的代码,便于辨认。"轨迹视图"中的一些功能,如移动和删除关键点,也可以在时间滑块附件的轨迹栏上得到,还可以展开轨迹栏显示曲线。通过"轨迹视图"中的工具栏,可以方便地修改轨迹,如图 6-14 所示。

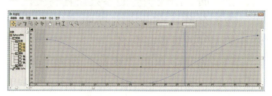

图6-14　轨迹视图

制作一个小球"下落"后"弹回"的动画,默认情况下生成图 6-14 的效果,它反映的是小球下落时由慢变快,接近地面时又变慢,反弹时相反,显然这不符合实际情况,通过工具栏可以轻松完成实际的效果曲线,如图 6-15 所示。

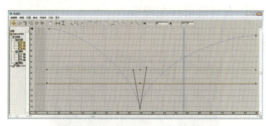

图6-15　修改后的轨迹图

3ds Max 的动画功能是比较强大的,在这里不做赘述。

2. 大气效果

3ds Max 自带的大气特效包括火效果、雾、体积雾和体积光 4 种类型,大气特效的添加和删除等编辑工具都需要在"环境和效果"对话框中的"大气"卷展栏中进行设置,如图 6-16 所示。

图6-16　环境与效果

"大气"卷展栏主要参数的作用如下。

（1）效果：用于显示场景中已经添加的大气效果，在效果中选择一种大气效果后，在下面会出现相应的参数设置卷展栏。

（2）名称：在此文本框中可以为已经添加的大气效果重新命名。

（3）添加：单击"添加"按钮会弹出"添加大气效果"对话框，从对话框中可以选择需要添加的大气效果。

（4）活动：只有选中此复选框后，"效果"列表中被选中的大气效果才会生效。

（5）上移、下移：位于"效果"列表中下方的特效会优先进行渲染，这两个按钮用于决定特效渲染的先后顺序。

（6）合并：从其他已经保存的场景中获取大气效果参数设置。

"体积雾参数"卷展栏如图6-17所示。

图6-17　"体积雾参数"卷展栏

"体积雾"特效可以在场景中生成密度不均匀的三维云团，有专门的噪声控制参数，可以控制风的速度和云雾运动的速度。体积雾不但可以用于整个场景，还可以通过使用线框对象产生有范围的云团，只有在摄像机视图或透视图中会渲染体积雾效果，"体积雾参数"卷展栏各参数的作用如下。

（1）Gizmos：译为线框。

（2）拾取Gizmo：单击此按钮，在场景中指定体积雾的载体，它可以是球体、长方体、圆柱体或这些几何体的组合。

（3）移除Gizmo：单击此按钮，可以从下拉列表中删除应用的大气线框对象。

（4）柔化Gizmo边缘：设置大气线框边界的柔化程度。

（5）指数：选中此复选框后，随着距离的增加，无雾的密度以指数方式增加；未被选中时，雾的密度以线性方式增加。

（6）密度：用于设置体积雾的密度，数值越大密度越大。

（7）步长大小：设置体积雾的样本颗粒尺寸，数值越小效果越好。

（8）最大步数：用于限制体积雾采用总数。

（9）类型。规则，产生标准的噪波图案；分形，迭代分形噪波图案；湍流，迭代湍流图案。

（10）反转：选中此复选框后可以将噪波的效果反向。

（11）噪波阈值：限制噪波的影响，当噪波值在最高阈值和最低阈值之间时，生成的体积雾密度过渡比较平稳。

（12）高/低：用于设置最高和最低阈值。

（13）均匀性：此参数的作用如同一个滤镜，较小的数值会使雾看起来更加不透明，包含分散的烟雾泡。

（14）级别：设置分形计算的迭代次数，数值越大雾效果越精细。

（15）大小：设置雾块的大小。

（16）相位：用于控制风的种子。如果"风力强度"大于0，体积雾会根据风向产生动画。

(17)风力强度:设置雾沿着风的方向移动的速度。

(18)风力来源:选择风的方向,提供前、后、左、右、顶、底6种风力的方向。

任务拓展

使用雾效果模拟景深效果

【步骤1】启动3ds Max,制作多个长方体模型模拟建筑物,如图6-18所示。

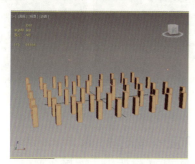

图6-18 制作模型

【步骤2】添加雾效果,将雾颜色修改为蓝色,如图6-19所示。

图6-19 添加雾效果

【步骤3】添加摄像机,在各个视图中调整摄像机,在透视图中选择摄像机视图,如图6-20所示。

图6-20 添加摄像机

【步骤4】选择摄像机打开修改面板,在"多过程效果"选项区域中选中"启用"复选框,如图6-21所示。

图6-21 摄像机设置

【步骤5】按F9键进行渲染,其效果如图6-22所示。

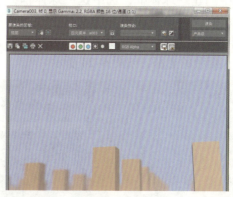

图6-22 渲染效果

任务2 制作火炬

任务分析

3ds Max的火效果可以用于制作火焰、烟雾和爆炸等效果,本任务通过3ds Max内置大气效果制作火焰效果。

任务实施

1. 制作火炬台

制作火炬

新建 3ds Max 文件,重置文件,单击新建图形面板,在卷展栏中单击"线"按钮,在前视图中绘制出火炬台的轮廓线,然后为样条线添加"车削"修改器,形成火炬台模型,如图 6-23 所示。

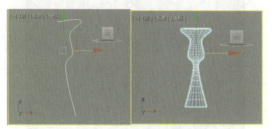

图6-23 制作火炬台

2. 制作火焰

单击"创建"命令面板中的"辅助对象"按钮,进入其创建命令面板,在下拉列表中选择"大气装置"选项,在"对象类型"卷展栏中单击"球体"按钮,在视图中创建一球体框,选中这一球体框,单击"修改"命令面板,修改其半径,选中"半球"复选框,拉伸其高度,并将它放置在火炬台的上部,如图 6-24 所示。

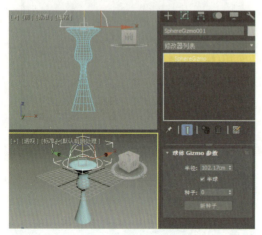

图6-24 制作火焰

3. 设置火焰参数

选择"渲染"菜单下的"环境"选项,打开"环境和效果"对话框,在"效果"卷展栏中单击"添加"按钮,在弹出的"添加大气效果"对话框中,选择"火效果"选项后,单击"确定"按钮。在"火效果参数"卷展栏中单击"拾取 Gizmo"按钮,在视图中单击火焰体积球,设置"火效果参数",如图 6-25 所示。

图6-25 设置火焰

4. 添加墙体创建材质

在新建几何体中,选择"平面"选项,在左视图创建一个平面,并调整平面的大小和位置。打开材质编辑器,为火炬台创建一个材质,设置"明暗器基本参数"为"金属"、漫反射颜色为"深黄色""高光级别"为 80、"光泽度"为 60。为墙体创建一个材质,为漫反射添加"平铺"贴图并设置贴图参数,"坐标"卷展栏中"瓷砖"的 U、V 均设置为 5,"标准控制"卷展栏中的"图案设置"中的预设类型为"1/2 连续砌合","高级控制"卷展栏的"平铺设置"中的纹理颜色为深红色。将设置好材质指定给"墙面"模型,如图 6-26 所示。

图6-26 添加材质

5. 添加灯光

单击"创建"命令面板中的"灯光"按钮，在下拉列表中选择"光度学"选项，在创建面板中，单击"自由灯光"按钮，为场景增添"自由灯光"，调整灯光与火炬模型的位置，启动灯光阴影，如图6-27所示。

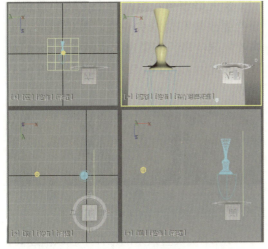

图6-27　灯光设置

6. 渲染

选择透视图，调整火炬台与墙体的位置，选择"渲染"→"渲染"命令，进行渲染，其效果如图6-28所示。

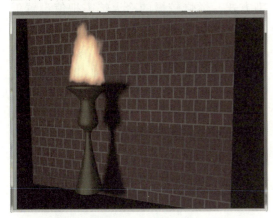

图6-28　火焰渲染效果

必备知识

"火效果参数"卷展栏如图6-29所示。

图6-29　"火效果参数"卷展栏

"火效果参数"卷展栏中各选项的作用如下。

（1）拾取Gizmo：单击该按钮进入拾取模式，然后在场景中，单击某个大气装置。在渲染时，装置会显示火焰效果，装置的名称将添加到装置下拉列表框中。

（2）移除Gizmo：可将Gizmo下拉列表框中所选的Gizmo移除，注意Gizmo仍在场景中，不同的是，装置不再显示火焰效果。

（3）颜色：可以使用"颜色"选项区域中的"色样"为火焰不同部分设置属性，具体如下。

①内部颜色：这是效果中最密集部分的颜色，通常代表火焰中最热的部分。

②外部颜色：这是效果中最稀薄部分的颜色，通常代表火焰中较冷的散热边缘。

③烟雾颜色：用于"爆炸"选项的烟雾颜色。

（4）图形：这里的选项可以进行控制火焰的形状、缩放和图案操作。

①火舌："火舌"可以创建类似篝火的火焰。

②火球：创建很适合爆炸效果的圆形火焰。

③拉伸：将火焰沿着装置的 z 轴缩放，"拉伸"设置为 0.5、1.0、3.0 时的效果如图 6-30 所示。

图6-30　火焰拉伸效果

④规则性：主要用于修改火焰填充装置的方式。如果设置为 1.0，则填满装置，在装置边缘附近效果衰减，但是总体形状仍然非常明显。如果为 0.0，则生成很不规则的效果，有时可能会到达装置的边界，但是通常会被修剪，而会小一些。"规则性"设置为 0.2、0.5、1 时效果如图 6-31 所示。

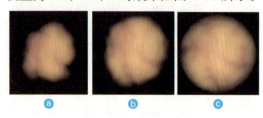

图6-31　规则性效果

（5）特性：火焰的大小和外观就是在"特性"选项区域中进行设置的。

①火焰大小：火焰的大小通常由装置的大小决定，装置越大，需要的火焰也越大，此选项的作用就是设置装置中各个火焰的大小。

②密度：此选项主要是火焰效果的不透明度和亮度的参数设置，"密度"设置为 10、30、120 时的效果如图 6-32 所示。

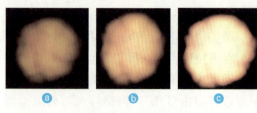

图6-32　密度效果

③火焰细节：控制每个火焰中显示的颜色更改量和边缘尖锐度。数值越高，火焰效果越清晰，渲染速度也越慢。"火焰细节"设置为 1.0、2.0、5.0 时的效果如图 6-33 所示。

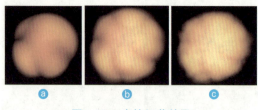

图6-33　火焰细节效果

④采样：设置效果的采样率。该值越高，生成的效果越准确，渲染所需的时间也越短。

（6）动态：可以控制火焰效果。

①相位：控制更改火焰效果的速率。

②漂移：设置火焰沿着装置的 z 轴的渲染方式。燃烧较慢的冷火焰需把值设置低一些，燃烧较快的热火焰需把值调高一些。

（7）爆炸：使用"爆炸"选项区域中的参数可以自动设置爆炸动画。

（8）烟雾：控制爆炸是否产生烟雾。

（9）设置爆炸：单击该按钮，弹出"设置爆炸相位曲线"对话框，可输入开始时间和结束时间。

（10）剧烈度：改变相位参数的涡流效果。

任务拓展

制作爆炸文字效果

【步骤 1】启动 3ds Max，单击"创建"命令面板中的"图形"按钮，在下拉列表框中选择"样条线"选项。单击"文本"

项目6 环境与特效

按钮,在视图中创建一文本信息"感冒",同时,适当调整其大小和字型,如图6-34所示。

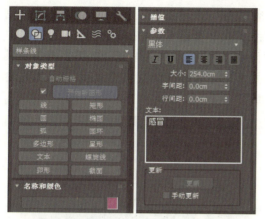
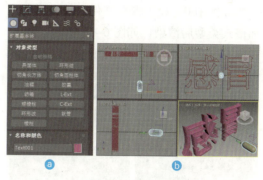

图6-36 胶囊模型

图6-34 创建文字

【步骤2】打开"修改"面板,选择"修改器列表"中的"倒角"选项,给文字增加立体效果,如图6-35所示。

【步骤4】在新建面板中单击"扭曲空间"按钮,在下拉列表中选择"几何/可变形"选项,在"对象类型"卷展栏中单击"爆炸"按钮,在场景中单击创建一爆炸装置MeshBomb001,选择爆炸装置单击修改面板设置爆炸参数,如图6-37所示。

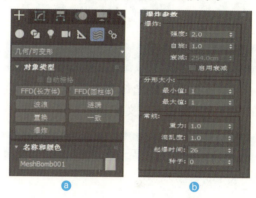

图6-37 添加爆炸装置

图6-35 添加"倒角"修改器

【步骤3】单击"创建"命令面板中的"几何体"按钮,在下拉列表框中选择"扩展基本体"选项。在创建面板中单击"胶囊"按钮,在视图中绘制一胶囊Capsule01,并调整其位置,如图6-36所示。

【步骤5】单击工具栏的"绑定到空间扭曲"按钮,拖动爆炸装置到文本上,将爆炸装置与文本绑定。拖动时间滑块观察爆炸效果。使用同样的方法再创建一个爆炸装置,并按上述方法设置爆炸参数。

将时间滑块移动到第1帧,单击"自动关键点"按钮,移动时间滑块到26帧,在场景中将"胶囊"移动到文本中间位置,再次单击"自动关键点"按钮弹起设置,将第二个爆炸装置绑定到"胶囊"上。

【步骤6】打开"时间配置"对话框,将"帧速率"设置为"PAL",单击"确定"按钮。选择"渲染"→"渲染设置"命令,在打开的对话框中,将"活动时间段"设

147

置为0到100，设置保存文件，输入文件名和格式类型后渲染，如图6-38所示。

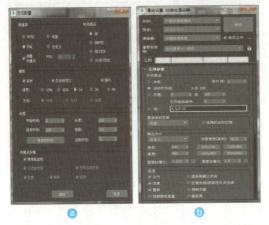

图6-38 渲染参数

任务3 制作光束文字

任务分析

本任务通过聚光灯和体积光效果产生的文字效果制作光束文字。

任务实施

1. 创建文字

制作光束文字

选择"创建"→"图形"→"样条线"→"文本"命令，在"参数"卷展栏中设置字体为"黑体"，在文本框中输入"游戏艺术"，在"前"视图中单击，创建文本，如图6-39所示。

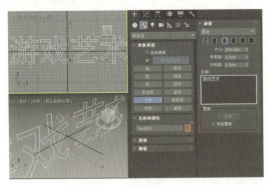

图6-39 添加文字

2. 添加"倒角"修改器

在3ds Max 2017中切换到"修改"命令面板，在"修改器列表"中选择"倒角"修改器，在"参数"卷展栏中选中"避免线相交"复选框，在"倒角值"卷展栏中设置"级别1"的"高度"为20；选中"级别2"复选框，设置其"高度"为3，"轮廓"为3，如图6-40所示。

图6-40 添加"倒角"修改器

3. 编辑材质

在3ds Max 2017中打开"材质编辑器"窗口，选择一个新的材质样本球，在"明暗器基本参数"卷展栏中设置明暗器类型为"金属"。在"金属基本参数"卷展栏中设置"环境光"的颜色为0、0、0，设置"漫反射"的颜色为190、143、0；在"高光反射"选项区域中设置"高光级别"和"光泽度"分别为100和80，设置"自发光"为30，将材质指定给文字，如图6-41所示。

图6-41 设置材质

4. 创建灯光

选择"创建"→"灯光"→"标准"→"目标聚光灯"命令,在顶视图中创建目标聚光灯,如图6-42所示。在"常规参数"卷展栏中选中"阴影"选项区域中的"启用"复选框,设置阴影类型为"阴影贴图";在"聚光灯参数"卷展栏中设置"聚光区/光束"为58.8,"衰减区/区域"为69.5,选中"矩形"单选按钮,并设置"纵横比"为3;在"强度/颜色/衰减"卷展栏中设置"倍增"为1.5,在"远距衰减"选项区域中选中"使用"复选框,设置"开始"为0、"结束"为600;在"阴影参数"卷展栏中设置"对象阴影"选项区域中的"密度"为3,如图6-43所示。

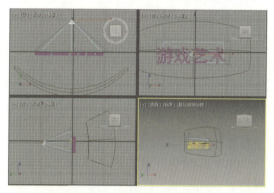

图6-42 灯光的位置

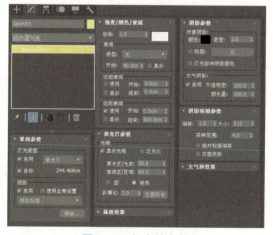

图6-43 灯光的参数

5. 添加体积光效果

按8键,打开"环境和效果"对话框,在"大气"卷展栏中单击"添加"按钮,在弹出的对话框中选择"体积光"效果,单击"确定"按钮,如图6-44所示。

图6-44 添加体积光

6. 拾取灯光

单击"体积光参数"卷展栏"灯光"选项区域中的"拾取灯光"按钮,在场景中拾取目标聚光灯;在"体积"选项区域中选中"高"单选按钮,如图6-45所示。

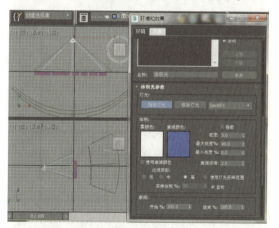

图6-45 体积光参数

7. 为背景添加材质

在"公用参数"卷展栏中单击"背景"选项区域中的"无"按钮,在弹出的"材质/贴图浏览器"对话框中选择"渐变"贴图,单击"确定"按钮,将背景渐变贴图拖动到"材质编辑器"对话框中的一个新材质样本球,在弹出的对话框中选中"实例"单选按钮,单击"确定"按钮,如图6-46所示。

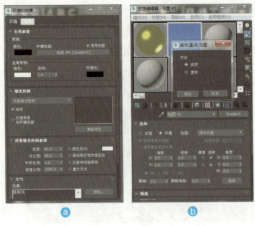

图6-46　设置材质

8. 设置渐变参数

在"渐变参数"卷展栏中设置"颜色#1和颜色#3"的RGB为0、28、89；设置"颜色#2"的RGB为0、54、210，如图6-47所示。

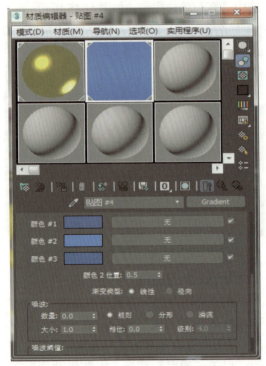

图6-47　设置渐变参数

9. 渲染

按F9键进行渲染，其效果如图6-48所示。

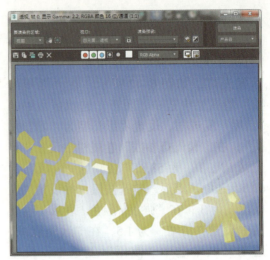

图6-48　渲染效果

必备知识

"体积光参数"卷展栏中各选项作用如下。

（1）拾取灯光：单击该按钮，进入拾取模式，然后在任意视口中单击即为体积光启用的灯光。

（2）移除灯光：将灯光从下拉列表框中移除。

（3）雾颜色：设置组成体积光的雾的颜色。

（4）衰减颜色：设置体积光随距离而衰减。

（5）指数：随距离按指数增大密度。取消选中该复选框时，密度随距离线性增大。只有希望渲染体积雾中的透明对象时，才选中此复选框。

（6）密度：设置雾的密度。

（7）最大亮度：表示可以达到的最大光晕效果（默认设置为90%）。

（8）最小亮度：与环境光设置类似。如果最小亮度大于0，光体积外面的区域也会发光。

（9）衰减倍增：调整衰减颜色的效果。

（10）过滤阴影：用于通过提高采样率（以增加渲染时间为代价）获得更高质量的

体积光渲染。

（11）低：不过滤图像缓冲区，而是直接采样。

（12）中：对相邻的像素采样并求平均值。对于出现条带类型的情况，可以使质量得到明显的改进。

（13）高：对相邻的像素和对角像素采样，为每个像素指定不同的权重。

（14）使用灯光采样范围：根据灯光的阴影参数中的采样范围，使体积光中投射的阴影变模糊。

（15）采样体积%：控制体积的采样质量。

（16）自动：自动控制"采样体积%"的参数，禁用微调器（默认设置）。

（17）衰减：此选项区域中的选项取决于单个灯光的开始范围和结束范围衰减参数的设置。

（18）开始%：设置灯光效果的开始衰减，与实际灯光参数的衰减相对。

（19）结束%：设置照明效果的结束衰减，与实际灯光参数的衰减相对。

（20）启用噪波：启用和禁用噪波。

（21）数量：应用于雾的噪波百分比。

（22）链接到灯光：将噪波效果链接到其灯光对象，而不是世界坐标。

（23）类型：从"规则""分形"和"湍流"3种噪波类型中选择要应用的一种类型。

（24）反转：反转噪波效果。

（25）噪波阈值：限制噪波效果为"高"或"低"。

（26）级别：设置噪波迭代应用的次数。

（27）大小：确定烟卷或雾卷的大小。该值越小，就越小。

（28）均匀性：作用类似高通过滤器。该值越小，体积越透明，包含分散的烟雾泡。

任务拓展

制作新闻联播动画

【步骤1】启动 3ds Max，在前视图中创建一个球体并命名为"地球"，使用"缩放工具"调整球体的大小。

【步骤2】为"地球"添加材质。打开材质编辑器，选择第一个材质球在 Blinn 基本参数中，单击"漫反射"后的贴图按钮，在打开的贴图面板中选择"位图"选项，打开素材中的"地图"图片，并将材质赋给地球模型，如图6-49所示。

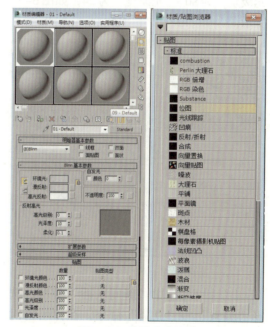

图6-49　设置地球材质

【步骤3】打开新建图形面板，选择"文本"选项设置字体为"黑体"，在文本框中输入"新闻联播"，在前视图中单击，适当调整文本的大小与位置。

【步骤4】选择文本，打开"倒角"修改器，为文本添加倒角效果，其参数如图6-50所示。

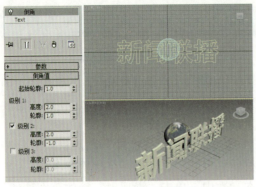

图6-50 文本倒角设置参数

【步骤5】为"新闻联播"制作"金色"材质，漫反射颜色设置为黄色，设置"高光级别"为80、"光泽度"为24，如图6-51所示。

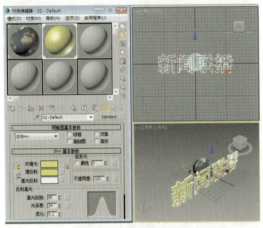

图6-51 文本材质设置

【步骤6】选中"新闻联播"模型，选择"编辑"→"克隆"命令，在弹出的对话框中选择"复制"命令，再复制一份文本。在其"倒角"修改器上右击"删除"，将倒角修改器删除。

【步骤7】为"新闻联播"副本添加"挤出"修改器，取消选中"封口始端"和"封口末端"复选框，"数量"参数暂不设置，在动画中设置。

【步骤8】打开材质编辑器，选择第三个材质球，将漫反射颜色设置为"浅黄色"，单击"不透明度"后的贴图按钮，添加"渐变"贴图，渐变颜色为默认设置。将此材质赋给"新闻联播"副本。

【步骤9】设置时间配置。将视频格式设置为"PAL"，"结束时间"设置为150，其他采用默认值，如图6-52所示。

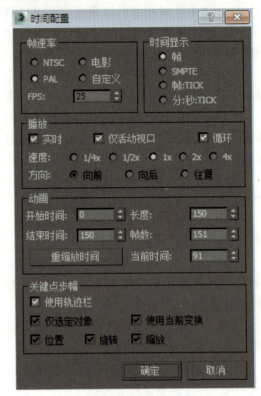

图6-52 设置时间配置

【步骤10】设置地球旋转动画。选中"地球"，将时间滑块移动到第0帧，单击"自动关键点"按钮，单击"设置关键点"按钮，将时间滑块移动到最后一帧，使用"旋转工具"将"地球"旋转一周后单击"设置关键点"按钮，观察动画效果，地球就会旋转起来。

【步骤11】选中"新闻联播"文字，将时间滑块移动到第0帧，使用"移动工具"将文字移动到"地球"上方一定高度，单击"设置关键点"按钮，将时间滑块移动到第65帧，使用"移动工具"将文字移动到"地球"正前方，单击"设置关键点"按钮。此时"新闻联播"文字移动动画完成。

【步骤12】选中"新闻联播副本"，将时间滑块移动到第0帧，使用"移动工具"将文字副本移动到"地球"上方的一定高度与原文字重叠，单击"设置关键点"按钮。将时间滑块移动到第 65 帧，使用"移动工具"将"副本"移动到"地球"正前方，与原文字重叠，单击"设置关键点"按钮。将时间滑块移动到第 66 帧，在挤出面板中设置"数量"为 10，单击"设置关键点"按钮。将时间滑块移动到第 100 帧，在挤出面板中设置"数量"为 500，单击"设置关键点"按钮。将时间滑块移动到第 150 帧，在挤出面板中设置"数量"为 10，单击"设置关键点"按钮。此时"副本"文字的动画效果设置完成，如图 6-53 所示。

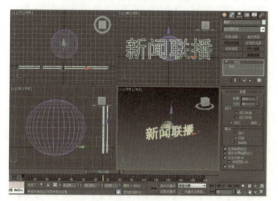

图6-53　动画设置

【步骤 13】添加一盏自由灯光，调整位置到文字前面，如图 6-54 所示。

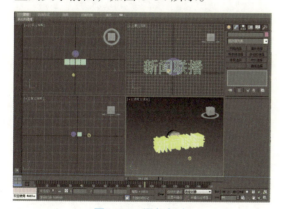

图6-54　添加灯光

【步骤 14】打开"环境和效果"对话框，将"背景"选项区域中的"颜色"设置为蓝色，如图 6-55 所示。

图6-55　设置渲染背景

【步骤 15】打开"渲染"菜单下的"渲染设置"对话框，将"时间输出"设置为"活动时间段"，在输出文件中选择文件格式为 avi，文件名为"新闻联播"，设置完成后单击"渲染"按钮，如图 6-56 所示。

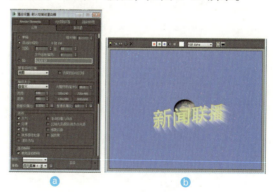

图6-56　渲染单帧

项目总结

本项目通过大气效果模拟现实生活中的一些特殊三维效果,结合动画面板可以使大气效果产生动态效果,这些在实际工作中应用很广泛,如广告、影视后期等方面,在使用大气效果时,参数设置非常重要,希望读者通过案例任务设置参数,观察效果,以达到作品展示的目的。

项目评价

在本项目中,学习了 3ds Max 的大气效果和动画的简单设置,通过对案例任务的制作过程,给自己做个评价吧。

	很满意	满意	还可以	不满意
任务完成情况				
与同组成员沟通及协调情况				
知识掌握情况				
体会与经验				

实战强化

使用大气装置设计一个手雷爆炸效果的动画。

项目 7

综合案例

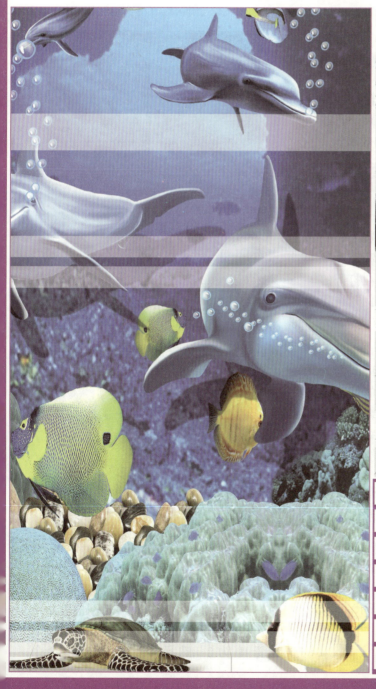

- 制作客厅的基本框架
- 制作窗户
- 制作室内装饰
- 制作材质
- 合并模型
- 添加灯光
- 渲染输出

在 3ds Max 等软件中，可以制作出 3D 模型，用于室内设计，如沙发模型、客厅模型、餐厅模型、卧室模型，室内设计效果图模型等。下面将通过制作一个客厅效果将 3ds Max 的建模、灯光、材质、渲染过程进行综合运用。

任务1 制作客厅的基本框架

任务分析

本任务主要通过样条线添加轮廓、挤出命令等方式完成客厅的基本框架，通过新建的摄像机观察客厅内部的结构效果。

任务实施

1. 重置文件设置长度单位

制作客厅框架

启动 3ds Max 2017，选择"文件"→"重置"命令，将新建的文档重置。选择"自定义"→"单位设置"命令，在打开的"单位设置"对话框"显示单位比例"选项区域中，设置"公制"为"毫米"。

2. 制作墙体

在顶视图创建一个长为5040、宽为8096 的矩形，右击矩形，在弹出的快捷菜单中选择"转换"→"转换为可编辑样条线"命令。按2键进入"线段"级别，选择右边线段后删除。按3键进入"样条线"级别，将其"轮廓"设置为240，为样条线添加"挤出"修改器，"数量"设置为2800，命名为"墙体"，效果如图 7-1 所示。

3. 切出窗户位置

在顶视图中创建一个长方体，设置"长度"为3540、"宽度"为900、"高度"为2900，调整其位置，如图 7-2 所示。

图7-1 制作墙体

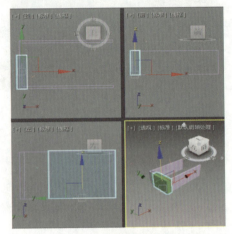
图7-2 切出窗户位置

选择"墙体"，单击"复合对象"面板中的 ProBoolean 按钮，单击"拾取布尔对象"卷展栏中的"开始拾取"按钮，选择刚创建的长方体进行"差集"运算，效果如图 7-3 所示。

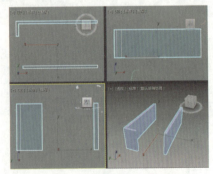
图7-3 墙体切出后效果

右击"墙体"，在弹出的快捷菜单中选择"转换为"→"转换为编辑网格"命令，进入"多边形"级别，选择一侧的多边形，设置 ID 为 2，选择"编辑/反选"命令，将其余多边形的 ID 设置为 1。

4. 制作地面和顶

在顶视图中创建一个长方体，设置"长度"为5034、"宽度"为8926、"高度"为0，命名为"地面"，调整其位置。

选择"地面"，按 Ctrl+V 组合键在原位置复制一个地面，命名为"地线"，设置"长度分段"为 7，"宽度分段"为 11。添加"晶格"命令，选中"仅来自边的支柱"单选按钮，"半径"设置为 1.5，如图 7-4 所示。

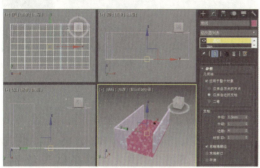

图7-4 制作地板

5. 制作顶部

打开"工具"菜单下的"场景资源管理器"，选择"地面"，按 Ctrl+V 组合键复制一个地面并命名为"顶"，调整其位置到顶部。

在顶视图绘制 3 个矩形，第一个矩形设置其"长度"为5034、"宽度"为8926；第二个矩形设置其"长度"为 3100、"宽度"为 3265；第三个矩形设置其"长度"为 100、"宽度"为 2297，分别调整其位置，如图 7-5 所示。

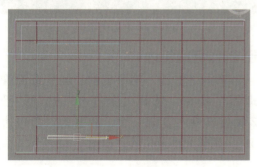

图7-5 制作顶部

在顶视图中选择任意一个矩形，添加"编辑样条线"命令，"附加"其余两个矩形。添加"挤出"命令，设置"数量"为 80，命名为"吊顶"，调整其位置。

6. 架设室内摄像机

在顶视图中创建一架目标摄影机，设置"镜头"为 27，"视野"为 67.38，"目标距离"为 5280，将"透视"视图切换为"摄影机"视图，如图 7-6 所示。

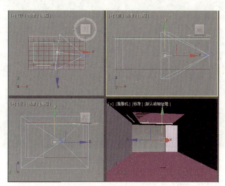

图7-6 设置摄像机

任务2 制作窗户

任务分析

本任务主要是通过"挤出"命令完成窗户的制作。

任务实施

1. 制作窗户下墙体

单击新建图形中的"线"按钮，在顶视图中绘制一条封闭的二维线形，添加"挤出"修改器，设置"数量"为 300，命名为"墙面 1"，调整其位置，效果如图 7-7 所示。

制作窗户

图7-7 制作窗户下墙体

2. 制作窗台

单击新建图形中的"线"按钮,在顶视图中绘制一条二维线形,进入"样条线"级别,在"几何体"卷展栏中设置"轮廓"为270。添加"挤出"修改器命令,"数量"设置为45,命名为"窗台",调整其位置至"墙体1"上面,效果如图7-8所示。

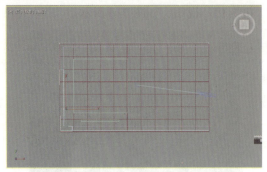

图7-8 制作窗台

3. 制作窗框

在左视图中绘制一个矩形,设置"长度"为2330、"宽度"为3250,右击矩形,在弹出的快捷菜单中选择"转换为"→"转换为可编辑样条线"命令,进入"样条线"级别,设置"轮廓"为60。添加"挤出"命令,设置"数量"为60,命名为"窗框",调整其位置至窗台上面,效果如图7-9所示。

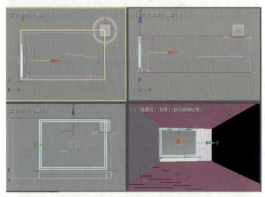

图7-9 制作窗框

4. 制作窗包边

单击"线"按钮,在左视图中绘制一条与窗户等大的矩形线,进入"样条线"级别,设置"轮廓"为50。添加"挤出"命令,设置"数量"为270,命名为"窗包边",调整其位置,效果如图7-10所示。

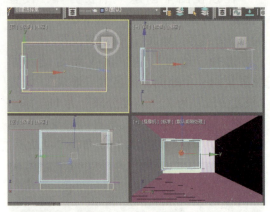

图7-10 制作窗包边

5. 制作侧窗框

在前视图中绘制一个矩形,设置"长度"为2330、"宽度"为665,将其转换为"可编辑样条线",进入"样条线"级别,设置"轮廓"为60。添加"挤出"命令,设置"数量"为60,命名为"侧窗框",调整其位置,效果如图7-11所示。

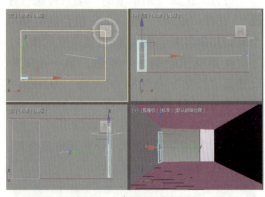

图7-11 制作侧窗框

6. 制作侧框包边

单击"工具"菜单下的"场景资源管理器"按钮,选择"窗包边"选项,沿Z轴旋转90°复制一个,命名为"窗包边01",调整大小及位置,如图7-12所示。

项目7 综合案例

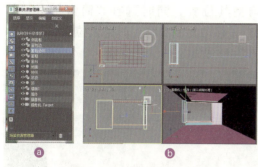

图7-12 制作侧框包边

7. 制作窗格

在左视图中，取消选中"开始新图形"复选框，单击"线"按钮连续绘制4条直线，进入"样条线"级别，全选4条直线，设置"轮廓"为50。添加"挤出"命令，设置"数量"为60，命名为"窗格"，调整其位置，效果如图7-13所示。

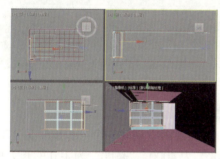

图7-13 制作窗格

8. 制作窗帘

在顶视图中绘制一条开放的二维线形，添加"挤出"命令，设置"数量"为2200，命名为"窗帘"，调整其大小和位置，使之成半幅窗帘（如何不能显示窗帘颜色需要添加"法线"修改器）。复制另外半边窗帘，调整位置，效果如图7-14所示。

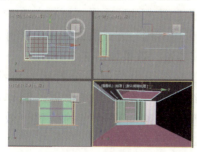

图7-14 制作窗帘

任务3　制作室内装饰

任务分析

本任务主要通过样条线添加轮廓、挤出命令等方式完是室内基本装饰的制作。

任务实施

1. 制作踢脚线

在左视图中绘制一个"长度"为80、"宽度"为15的封闭二维线形作为倒角剖面，在顶视图中绘制一个开放的二维线形作为倒角路径。选中顶视图中的二维线，添加"倒角剖面"，在卷展栏"参数"中选择"经典"选项，在"经典"卷展栏中，单击"拾取剖面"按钮，在左视图中单击矩形剖面，调整位置，命名为"踢脚线"，效果如图7-15所示。

制作室内装饰

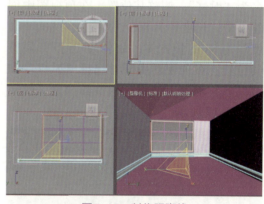

图7-15 制作踢脚线

2. 制作吊顶

在顶视图中创建一个"长度"为2800、"宽度"为2800、"高度"为80的长方体，命名为"吊顶01"，调整其位置。单击"线"按钮，在顶视图中绘制两条相互垂直的直线，命名为"线"，设置渲染，设置"厚度"为10，调整其位置，如图7-16所示。

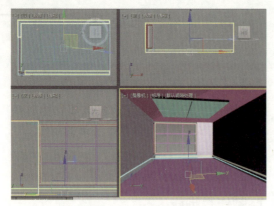

图7-16 制作吊顶

3. 制作灯具

在顶视图中创建一个"长度"为200、"宽度"为2358、"高度"为30的长方体,命名为"灯槽",调整其位置。在顶视图中绘制一个"长度"为100、"宽度"为100的矩形,添加"编辑样条线"命令,进入"样条线"级别,设置"轮廓"为10。添加"挤出"命令,设置"数量"为86,命名为"射灯",调整其位置。在顶视图中创建一个"长度"为80、"宽度"为80、"高度"为88的长方体,命名为"灯",调整其位置。在顶视图中同时选择"射灯"和"灯",移动复制2组,调整其位置,效果如图7-17所示。

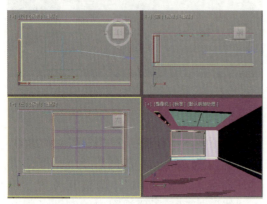

图7-17 制作灯具

在顶视图中创建一个"长度"为110、"宽度"为110、"高度"为88的长方体,命名为"筒灯"。创建一个"半径"为33、"高度"为50的圆柱体,命名为"灯03",

调整其位置。同时选择"筒灯"和"灯03",移动复制3组,调整其位置,效果如图7-18所示。

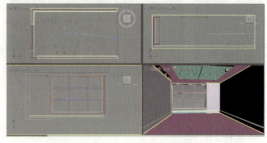

图7-18 制作吊顶灯

再次移动复制3组,并调整其位置,如图7-19所示。

图7-19 复制灯具

4. 制作内饰

在前视图中创建一个"长度"为1700、"宽度"为4000、"高度"为120的长方体,命名为"电视墙",调整其位置。继续在前视图中绘制一个"长度"为500、"宽度"为450的矩形,添加"编辑样条线"命令,进入"样条线"级别,设置"轮廓"为150。添加"挤出"命令,设置"数量"为15,命名为"画框",调整其位置。再继续创建一个"长度"为200、"宽度"为150的平面,命名为"装饰画",调整其位置于画框上面。同时选择"画框"和"装饰画",以"实例"方式沿 X 轴移动复制2组,调整其位置,效果如图7-20所示。

在左视图中绘制一个封闭二维线形,为曲线添加"车削"修改器,制作出花瓶模型,并移动到适当的位置,效果如图7-21所示。

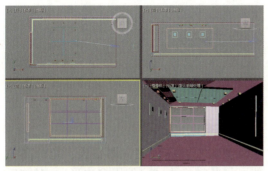

图7-20 制作装饰画

图7-21 制作花瓶

任务4 制作材质

任务分析

本任务主要通过材质编辑器实现各个模型的材质，从而使模型实现模拟真实物体材质效果。

任务实施

1."多维/子对象"材质

选择材质球1，单击Standard按钮，选择"多维/子对象"材质。设置ID1为"高级照明覆盖"材质、反射比为0.97、颜色溢出为0.4，基础材质为标准材质，设置环境光、漫反射颜色为白色；设置ID2为"高级照明覆盖"材质、反射比为0.8、颜色溢出为0.6，基础材质为标准材质，设置环境光颜色为48、61、89，漫反射颜色为63、81、117，"高光级别"颜色为53，"光泽度"

颜色为41，将该材质赋予"墙体"。

2."黑砂大理石"材质

选择材质球2，单击Standard按钮，选择"高级照明覆盖"材质，设置反射比为1、颜色溢出为0.3，基础材质为标准材质环境光、漫反射颜色为黑色，"高光级别"颜色为44，"光泽度"为45；将该材质赋予"地线""窗台""线"造型。

3."地砖"材质

单击Standard按钮，选择"高级照明覆盖"材质，设置反射比为0.8、颜色溢出为0.5，基础材质为标准材质，设置环境光、漫反射颜色为60、245、199，漫反射贴图为"大理石"；将该材质赋予"地面"。

4."白色油漆"材质

单击Standard按钮，选择"高级照明覆盖"材质，设置反射比为0.7、颜色溢出为0.4，基础材质为标准材质，设置环境光、漫反射和高光反射颜色为白色（255、255、255）；"高光级别"11、"光泽度"为41。将该材质赋予"顶""吊顶""吊顶1""墙面1""窗框""侧窗框""窗格""电视墙""灯槽"。

5."木"材质

设置环境光颜色为247、218、60，漫反射颜色为23、0、195，漫反射贴图为"木材"（U：3，V：4.8）；"高光级别"为55，"光泽度"为48；反射贴图为"光线跟踪"，"数量"为18。将该材质赋予"踢脚线""窗包边""窗包边01"。

6."窗帘"材质

设置环境光和漫反射颜色为254、249、235；"高光级别"为35，"光泽度"为25；"不透明度"为76。将该材质赋予"窗帘""窗帘01"。

7."植物"材质

单击Standard按钮，选择"高级照明

制作材质

覆盖"材质设置反射比为0.8、颜色溢出为0.5、基础材质为标准材质,设置漫反射贴图为植物图片、"高光级别"为99、"光泽度"为82;反射贴图为"光线跟踪"、"数量"为9。将该材质赋予"花瓶"。选择"花瓶"模型,添加"UVW贴图"命令,绘制一个"长度"为29、"宽度"为29、"高度"为83的柱形。

8. "黑色塑料"材质

设置环境光和漫反射颜色为黑色(0、0、0)。将该材质赋予"射灯""筒灯"。

9. "灯"材质

设置环境光、漫反射和高光反射颜色为白色(255、255、255);"自发光"为100。将该材质赋予"灯"。

10. "纸"材质

设置环境光和漫反射颜色为白色(255、255、255)。将该材质赋予"画框"。

11. "画心"材质

设置环境光和漫反射颜色为242、138、15,"高光级别"为48,"光泽度"为36。将该材质赋予"装饰画"。

任务5 合并模型

任务分析

为了快速完成任务内容,某些模型可以使用以前制作完成的模型加入到本任务中,这就需要使用3ds Max模型的合并功能。本任务主要通过模型的合并将前面任务中的模型添加到本任务中,然后调整其大小和位置。

合并模型

任务实施

1. 合并沙发

选择"文件/合并"命令,选择素材中的"沙发.max"文件,将窗帘合并到场景中,调整其位置。

2. 合并茶几

选择"文件/合并"命令,选择素材中的"茶几.max"文件,将窗帘合并到场景中,调整其位置。

3. 制作电视机

创建长方体模型,调整长、宽、高的值,将其转换为"可编辑多边形",对前后两个面进行倒角处理。

4. 合并吊灯

选择"文件/合并"命令,选择素材中的"吊灯.max"文件,将窗帘合并到场景中,调整其位置。

任务6 添加灯光

任务分析

本任务主要通过灯光效果,使任务制作更加符合实际的效果。

任务实施

1. 添加主光源

在顶视图中创建一灯源(启用"区域阴影",强度为50cd),调整其位置于吊灯下方,如图7-22所示。

图7-22 制作主光源

2. 创建筒灯光源

创建一光学度——自由灯光,选中"区域阴影"复选框,设置"强度"为800cd、分布为"光学度Web"、Web文件为"22223.ies",调整其位置到"筒灯"下

添加灯光

方，效果如图7-23所示。

图7-23 筒灯灯光

3. 实例复制筒灯光源

以"实例"方式移动复制6盏，分别调整其他筒灯的位置，如图7-24所示。

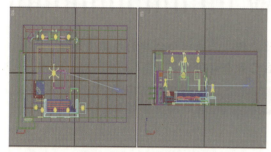

图7-24 复制筒灯

4. 创建射灯灯光

在顶视图中创建一光学度——自由灯光，取消选中阴影中的"启用"复选框，设置分布为"统一漫反射"，过滤颜色为"255、213、99"，"强度"为800cd，"长度"为3494.5，在左视图中沿 X 轴旋转180°，在顶视图中沿 Z 轴旋转90°，调整其位置。然后以"实例"方式旋转复制2盏，并分别调整其位置，如图7-25所示。

图7-25 创建射灯灯光

任务7 渲染输出

任务分析

本任务主要通过渲染器的设置，渲染出效果图。

任务实施

1. 渲染设置

选择"渲染"→"渲染设置"命令，在打开的对话框中选择"高级照明"选项卡，设置为"光能传递"，选中"活动"复选框，其他面板中设置参数，如图7-26所示。

渲染输出

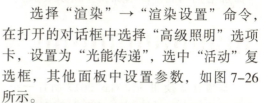

ⓐ　　　　ⓑ　　　　ⓒ

图7-26 渲染设置

2. 设置效果与环境

打开"渲染"菜单下的"环境和效果"对话框，为环境添加一风景图片，如图7-27所示。

图7-27 设置环境

3. 渲染出图

若要达到更好的效果将图在 Photoshop 软件中修改色彩、对比度等信息，也可在"电视"中添加电视画面，以增加真实居家效果。

项目总结

本项目是使用 3ds Max 2017 制作一个家居效果图，将学习过程的知识点进行综合演练，通过制作读者可以更好地利用自己的想象力，创造出优秀的作品。

项目评价

在本项目中通过案例制作将 3ds Max 作品制作流程，三维模型创建的步骤（建模、材质、灯光、渲染等）知识点进行了综合应用，下面给自己做个评价吧。

	很满意	满意	还可以	不满意
任务完成情况				
与同组成员沟通及协调情况				
知识掌握情况				
体会与经验				

实战强化

使用 3ds Max 2017 建模、材质、灯光等知识，制作一个"小别墅"，其效果图如图 7-28 所示。

图 7-28　效果图

提示：

（1）本案例需要采用多边形、挤出功能。

（2）首先在顶视图中创建一个"多边形"，绘制时可以按S键，打开吸附功能，如图7-29所示。

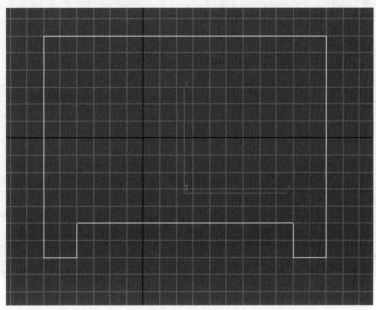

图7-29 绘制多边形

（3）为多边形添加"挤出"修改器，设置"数量"为"200"。

（4）将模型转换为"可编辑多边形"，按2键进入"边"级别，在前视图中选中上下两个边，单击卷展栏中的"连接"旁的设置按钮，输入线数为6，单击"确定"按钮，选中线调整其位置，如图7-30所示。

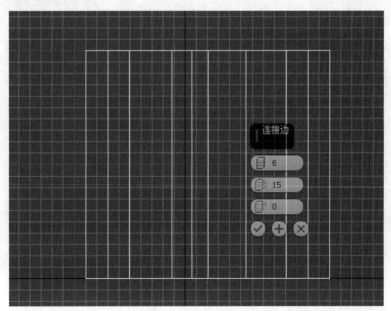

图7-30 连接线纵线

（5）同样在前视图中选中纵向的线，单击"连接"旁的设置按钮，设置边数为4，其他参数根据实际调整，如图7-31所示。

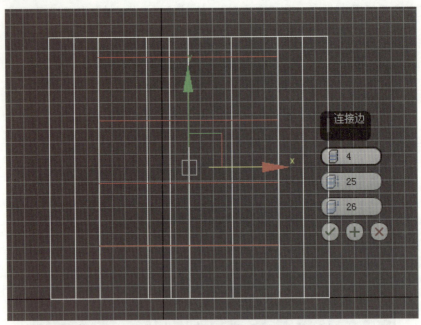

图7-31　连接横线

（6）按3键进入"面"级别，选择"窗户"面，单击挤压命名旁的按钮，设置挤出参数，如图7-32所示。

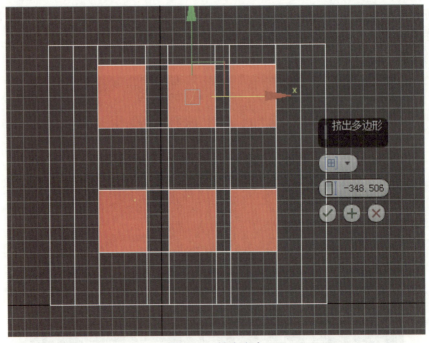

图7-32　挤出窗户

其他效果采用同样的步骤实现。

参考文献

[1] 岳绚. 中文版 3ds Max 2010 实例与操作 [M]. 北京：航空工业出版社, 2009.
[2] 罗晓琳. 三维动画设计与制作——3ds Max 2016 基础与进阶教程 [M]. 大连：东软电子出版社, 2017.
[3] 卜凡亮. 中文版 3ds Max 9.0 三维动画制作实例教程 [M]. 北京：航空工业出版社, 2008.

参考文献